材料科学与工程实验与实践系列规划教材

材料科学基础精选实验教程

赵玉珍 主编

清华大学出版社
北京

内 容 简 介

全书包括金相显微镜的原理、结构及使用,定量金相分析,金相显微试样的制备,金属材料的硬度测定,扫描电子显微分析,X射线衍射分析,晶体结晶过程观察与凝固条件对金属铸锭组织的影响,金属材料的塑性变形与再结晶,碳钢组织观察及性能分析,碳钢及合金钢的应用,钢的热处理及其晶粒细化,无铅钎料的研制,纳米氧化锌的制备及形貌观察,微晶玻璃的制备与性能测试,共14章。教材内容涵盖了培养学生实验研究能力、创新能力的基础性实验、综合性实验及研究型实验。每个实验介绍了实验目的、实验内容、实验报告要求、思考题等,在要求掌握的实验之外,又提出了相关拓展实验。

本书为清华大学材料学院本科生专业课程的实验教材,也可作为高等院校材料类、机械类等专业的本科生实验教学用书。还可供有关教师、研究生和工程技术人员参考。

图书在版编目(CIP)数据

材料科学基础精选实验教程/赵玉珍主编.—北京:清华大学出版社,2018(2023.8重印)
(材料科学与工程实验与实践系列规划教材)
ISBN 978-7-302-50732-1

Ⅰ.①材… Ⅱ.①赵… Ⅲ.①材料科学-实验-高等学校-教材 Ⅳ.①TB3-33

中国版本图书馆 CIP 数据核字(2018)第 172270 号

责任编辑:赵 斌
封面设计:常雪影
责任校对:赵丽敏
责任印制:宋 林

出版发行:清华大学出版社
　　　　网　　　址:http://www.tup.com.cn,http://www.wqbook.com
　　　　地　　　址:北京清华大学学研大厦 A 座　　　　　　邮　　编:100084
　　　　社 总 机:010-83470000　　　　　　　　　　　　　邮　　购:010-62786544
　　　　投稿与读者服务:010-62776969,c-service@tup.tsinghua.edu.cn
　　　　质量反馈:010-62772015,zhiliang@tup.tsinghua.edu.cn
印 装 者:三河市龙大印装有限公司
经　　销:全国新华书店
开　　本:185mm×260mm　　印　张:12.75　　　　　字　　数:309 千字
版　　次:2018 年 9 月第 1 版　　　　　　　　　　　　印　　次:2023 年 8 月第 5 次印刷
定　　价:39.00 元

产品编号:073811-01

前 言
FOREWORD

本书为材料科学与工程学科的本科生而编写,是本专业主要基础课"材料科学基础"的配套实验指导,目的是使学生对材料科学的基础知识有更感性的认识,通过实验对其加深了解,能初步做到学以致用。

本书精选了 14 个实验,包括三方面的内容:

1. 基础性实验 6 个,均为与材料微观组织结构分析相关的实验,包括金相显微镜的原理、结构及使用,定量金相分析,金相显微试样的制备,金属材料的硬度测定,扫描电子显微分析及 X 射线衍射分析。硬度检测是一种简单的、基本不破坏试样的表征力学性能的方法,可以用来考查组织对性能的影响,故也放在了基本实验的部分。希望通过这部分实验使学生掌握材料研究的最基本技术。

2. 综合性实验 3 个,包括晶体结晶过程观察与凝固条件对金属铸锭组织的影响,金属材料的塑性形变与再结晶,碳钢组织观察及性能分析。涵盖了金属物理冶金的最基本内容,通过这些实验,学生可对材料科学基础中所学知识有更深切的认识。

3. 研究性实验 5 个,碳钢及合金钢的应用是为使学生对国计民生中大量使用的结构材料的组织与性能的关系以及工艺对组织性能的影响有切身的体会;钢的热处理及其晶粒细化要求学生深入体会热处理原理,并灵活运用解决实际问题;无铅钎料的研制、纳米氧化锌的制备及形貌观察及微晶玻璃的制备与性能测试是为进一步拓宽学生在新材料的制备、表征和性能方面的知识,培养他们文献调研和自学能力。

这些实验一般安排 32 学时,前两篇实验是每个学生必做的,研究性实验任选其一,以达到初步的研究体验为目的。

本书第 1、2、8 章由清华大学材料学院雷书玲工程师与赵玉珍高级工程师联合编写,第 11 章由清华大学材料学院张玉朵博士编写,第 13 章由电子科技大学中山学院材料与食品学院王悦辉教授编写,第 14 章由中国科学院过程工程研究所曹建蔚研究员编写。其余章节由清华大学材料学院赵玉珍高级工程师编写。

清华大学材料学院顾家琳教授对本书的内容及编排提出了宝贵建议;教材获得清华大学本科生教改项目和材料学院教学经费的大力资助,并得到了清华大学出版社的大力支持与指导,在此一并感谢!

　　本教材在编写过程中,参考了国内外的相关教材、专著、期刊及网络文献相关内容,已列在参考文献部分,在此向本书所引用参考文献的原作者表示敬意和感谢!

　　限于编者的水平,精选实验的内容可能欠妥或有考虑不周之处,殷切希望专家学者及使用本书的读者提出宝贵意见,以期改进。

编　者

2017 年 10 月

目 录
CONTENTS

第二篇　综合性实验

第一篇　基础性实验

第一篇　大学化学实验

第 1 章

金相显微镜的原理、结构及使用

显微分析是研究金属材料科学的一种重要方法,它可以研究用宏观分析方法无法观察到的组织细节及缺陷。光学显微技术可以确定大部分金属的金相组织及组成,对经过适当制备的材料表面进行检验,根据检验要求,对未侵蚀或侵蚀后的样品进行检验。金相显微镜就是利用光学显微技术进行显微分析的主要工具。

1.1 金相显微镜的构造

金相显微镜的种类和形式很多,按光路分为正置式显微镜和倒置式显微镜,正置和倒置是相对于被观察的试样的抛光面的取向而言。倒置式物镜朝上如图 1.1(a)所示,正置式物镜朝下如图 1.1(b)所示。显微镜按外形可分为台式(图 1.1(a))、立式(图 1.1(b))、卧式(图 1.1(c));按功能与用途可分为初级型、中级型、高级型。初级型具有明场观察,结构简

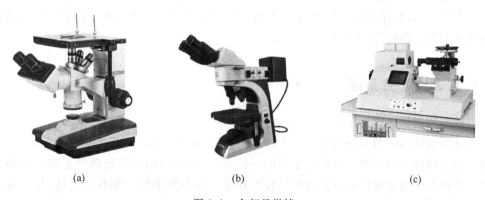

(a)   (b)   (c)

图 1.1　金相显微镜

(a) 台式金相显微镜;(b) 立式金相显微镜;(c) 卧式金相显微镜

单,体积小,质量轻;中级型具有明场、暗场、偏光观察和摄影功能;高级型具有明场、暗场、偏光、相衬、微差干涉衬度、干涉、荧光、宏观摄影与高倍摄影、投影、显微硬度、高温分析台、数码摄影与计算机图像处理等。无论使用哪一种显微镜,试样的表面都必须平行于显微镜的载物台,以免在载物台移动转变观察视场时需要不停地调整图像的焦距。

金相显微镜通常由光学系统、照明系统和机械系统三大部分组成,有的显微镜还附有图像采集装置。倒置式金相显微镜的结构如图1.2所示。

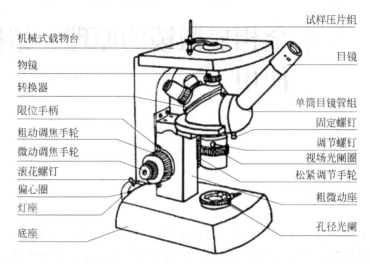

图 1.2   倒置式金相显微镜的结构

1.1.1   照明系统

照明系统包括光源、明视场照明、暗视场照明、变压器、视场光阑和孔径光阑。

在底座内装有一低压(6~8V,15W)灯泡作为光源,由变压器降压供电,靠调节次级电压(6~8V)来改变灯光的亮度。聚光镜、孔径光阑及反光镜等装置在圆形底座上,视场光阑及另一聚光镜则安装在支架上,它们组成显微镜的照明系统,使试样表面获得充分、均匀的照明。调整孔径光阑能够控制入射光束的粗细,以保证物像达到清晰的程度。视场光阑设在物镜支架下面,其作用是控制视场范围,使目镜中视场明亮而无阴影。在刻有直纹的套圈上还有两个调节螺钉,用来调整光阑中心。

1.1.2   机械系统

机械系统包括显微镜镜体、调焦装置和载物台。

在显微镜体的两侧有粗动和微动调焦手轮,两者在同一部位。随粗调手轮的转动,支撑载物台的弯臂做上下运动。在粗调手轮的一侧有制动装置,用以固定调焦正确后载物台的位置。微调手轮使显微镜本体沿着滑轨缓慢移动。在右侧手轮上刻有分度格,每一格表示物镜座上下移动的距离。与刻度盘同侧的齿轮箱刻有两条白线,用以指示微动升降范围,当旋到极限位置时,微动手轮就自动被限制住,此时,不能再继续旋转而应倒转回来使用。

载物台(样品台)用于放置金相样品,载物台和下面托盘之间有导架,用手推动,可使载物台在水平面上做一定范围的十字定向移动,或旋转载物台螺旋杆使载物台前后左右移动,以改变试样的观察部位。

1.1.3　光学系统

光学系统包括目镜和物镜。

物镜转换器呈球形,上有多个螺孔,可安装不同放大倍数的物镜,物镜上的标识环的颜色是用来区分放大倍数,5×为红色、10×为黄色、20×为绿色、40/50×为蓝色、100×为白色。旋动转换器可使各物镜镜头进入光路,与不同的目镜搭配使用,可获得各种放大倍数。

XJP型金相显微镜的光学系统如图1.3所示,由灯泡1发出的光线经聚光透镜组2及反光镜8聚集到孔径光阑9,再经过聚光镜3聚集到物镜的后焦面,最后通过物镜平行照射到试样7的表面,从试样反射回来的光线经物镜组6和辅助透镜5,由半反射镜4转向,经过辅助透镜11以及棱镜12、13造成一个被观察物体的倒立的放大实像,该像再经过目镜14的放大,就成为在目镜视场中能看到的放大影像。

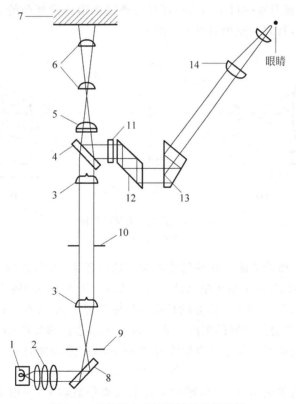

图1.3　XJP型金相显微镜的光学系统

1—灯泡；2—聚光透镜组；3—聚光镜；4—半反射镜；5,11—辅助透镜；6—物镜组；7—试样；8—反光镜；9—孔径光阑；10—视场光阑；12,13—棱镜；14—目镜

1.2　显微镜成像原理

显微镜是利用可见光在试样磨面上反射成像来观察金属组织的。金相显微镜的成像系统由利用反射、折射及全反射原理设计的各类光学元件组成,通过反射镜、棱镜及透镜改变光束的方向和行程,实现显微放大。

(1) 反射镜:它是金相显微镜光学元件之一,作用是改变光的方向。反射镜有平面反射镜、球面反射镜和非球面反射镜等。按光的透射程度又可分为全反射镜和半透反射镜两种。反射定律与可见光的波长无关,故根据反射所设计的物镜没有色差等缺陷。

(2) 棱镜:棱镜可分为折射棱镜和全反射棱镜两种,在金相显微镜中主要用来改变光路。

(3) 透镜:折射面是球面或者一面是球面,另一面是平面的透明体称为透镜,透镜是金相显微镜中物镜和目镜的主要组成元件。它们的作用是使光线会聚或发散。透镜的光学中心成为光心,通过光心的光线成为光轴。透镜按其形状可分为双凸透镜、平凸透镜、弯月形透镜、双凹透镜、平凹透镜和凹凸透镜。其中凸透镜为正透镜,作用使光线会聚,凹透镜称为负透镜,作用使光线发散。

为了减少像差,显微镜的目镜和物镜都是由透镜组构成的复杂的光学系统。利用凸透镜,可以将物体放大,其放大原理如图1.4所示。

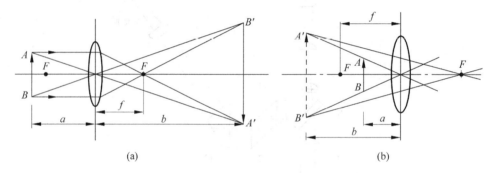

图 1.4　放大镜光学原理图

(a) 实物放大;(b) 虚像放大

当物体 AB 置于凸透镜前焦点外且靠近焦点的位置上,可得到倒立的放大实像 $A'B'$,如图 1.4(a)所示,其位置在 1 倍焦距以外。若将物体 AB 置于凸透镜焦距内,可得到放大的正虚像 $A'B'$,如图 1.4(b)所示。影像的长度与物体长度之比($A'B'/AB$)就是放大倍数(放大率)。由于凸透镜到物体之间的距离 a 近似地等于凸透镜的焦距($a=f$),而凸透镜到影像间的距离 b 近似地相当于人眼的明视距离(250mm),故凸透镜的放大倍数为

$$N = 250/a \tag{1.1}$$

由式(1.1)可知,透镜的焦距 f 越短,则放大镜的放大倍数越大,一般采用的放大镜焦距为 10~100mm,因而放大倍数为 2.5~25 倍。若进一步提高放大倍数,将会由于透镜焦距缩短和表面曲率过分增大而使形成的影像变得模糊不清。为了得到更清晰的放大影像效果,就要采用显微镜,显微镜可以使放大倍数达到 1500~2000 倍。

显微镜由两组透镜组成。靠近被观察物体的透镜叫物镜,靠近人眼的透镜叫目镜。借

助物镜与目镜的两次放大,就能将物体放大到很高的倍数(约 2000 倍)。图 1.5 为显微镜的光学原理图。

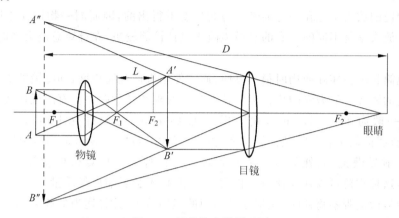

图 1.5　显微镜光学原理图

被观察的物体 AB 放在物镜之前距其焦距略远一些的位置,由物体反射的光线穿过物镜,经折射后得到一个放大的倒立实像 $A'B'$,再经目镜将实像 $A'B'$ 放大成倒立虚像 $A''B''$,这就是我们在显微镜下研究实物时观察到的经过二次放大后的物像。

在设计显微镜时,使目镜的焦点位置与物镜放大后形成的实像位置接近,并使目镜所形成的倒立虚像位于眼睛 250mm 处(约等于人眼的正常明视距离),这样看到的物像最为清晰。

显微镜的质量主要取决于:①放大率;②透镜的质量;③显微镜的鉴别能力。

1.3　显微镜的放大率

显微镜的放大率 M 等于物镜的线放大率 M_1 与目镜的角放大率 M_2 的乘积,即

$$M = M_1 \cdot M_2 \tag{1.2}$$

根据几何学得到物镜的放大率为

$$M_1 = -\frac{L}{f_1} \tag{1.3}$$

式中,L 为显微镜的光学镜筒长度(即从物镜后焦点到所成实像的距离);f_1 为物镜的焦距,负号表示所成的像是倒立的。

目镜的放大率为

$$M_2 = \frac{D}{f_2} \tag{1.4}$$

式中,D 为人眼的明视距离(250mm);f_2 为目镜的焦距。

把式(1.3)和式(1.4)代入式(1.2)可得出显微镜的放大率为

$$M = -\frac{LD}{f_1 f_2} \tag{1.5}$$

由式(1.5)可知,显微镜的放大率与光学镜筒长度成正比,与物镜、目镜的焦距成反比。

通常物镜、目镜的放大率标注在镜筒上。显微镜的总放大率可由式(1.2)算出。放大率

用符号"×"表示,例如,物镜的放大率为$20\times$,目镜的放大率为$10\times$,则显微镜的放大率为$20\times10=200\times$。

由于物镜的放大率是在一定的光学镜筒长度下得出的,因而同一物镜在不同的光学镜筒长度下其放大率是不同的。有的显微镜由于设计镜筒较短,在计算总放大率时,需要乘以一个系数。

光学镜筒长度在实际使用时很不方便,通常使用机械镜筒长度,即物镜的支承面与目镜支承面之间的距离。显微镜的机械镜筒长度分为有限和任意两种。有限机械镜筒长度各国标准不同,一般为$160\sim190\mathrm{mm}$,我国规定为$160\mathrm{mm}$。物镜外壳上通常标有$160/0$或$160/—$等,斜线前数字表示机械镜筒长度,斜线后的"0"或"—"表示金相显微镜不用盖玻璃片;对于透射显微镜,此处的数字表示盖玻璃片的厚度。任意机械镜筒长度用$\infty/0$或$\infty/—$表示,这种物镜可以在任何镜筒长度下使用,而不会影响成像质量。

在使用显微镜观察物体时,应根据其组织的粗细状况,选择适当的放大率。以细节部分观察得清晰为准,不要盲目追求过高的放大率。因为放大率与透镜的焦距有关,放大倍数越大,焦距必须越小,结果会带来许多缺陷,同时所看到的区域也越小。

1.4　透镜成像的质量

单个透镜在成像过程中,由于物理条件的限制,影像会模糊不清或发生畸变,这种缺陷和偏差都称为像差。像差一般分为两大类:一类是单色光成像时的像差,称为单色像差,包括球面像差、彗形像差、像散和像域弯曲;另一类是多色成像时的像差,称为色像差,这是由于介质对不同波长的光的折射率不同而引起的。对显微成像影响最大的有三种像差:球面像差、色像差和像域弯曲。

1.4.1　球面像差

来自光轴某点的单色光通过透镜时,由于通过光轴附近的光线的折射角小,而通过透镜边缘的光线的折射角大,因而会形成前后分布的许多聚焦点,呈一弥散的光斑,这种现象称为球面像差(图1.6)。

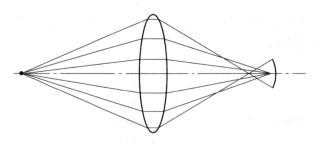

图1.6　球面像差示意图

为了降低球面像差,可采用组合透镜作为物镜进行校正。此外还可以通过调节孔径光阑,控制入射光束的粗细,让一束细光透过透镜中心部位,从而把球面像差降低到最低限度。但这样做孔径角减小,会使分辨率降低而影响成像的清晰度。

1.4.2 色像差

当用白光照射时,会形成一系列不同颜色的像,这是由于组成白光的各色光波长不同,折射率不同,因而成像的位置也不同,这就是色像差(图1.7)。

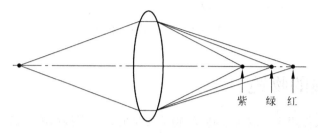

图 1.7 色像差示意图

色像差分为轴向色差和垂轴色差(图1.8)。轴向色差是指各色光的成像位置沿轴向分布不同。紫色光线的波长最短,折射率最大,在离透镜最近处成像;红色光线的波长最长,折射率最小,在离透镜最远处成像;其余的黄、绿、蓝等有色光线则在它们之间成像。由于存在轴向色差,因而使用白光照射会出现彩色的像。垂轴色差的存在是由于对各色光的放大率不同,因而成像大小也不同,亦称为放大率色差,垂轴色差的存在,使白光成像边缘出现彩色。

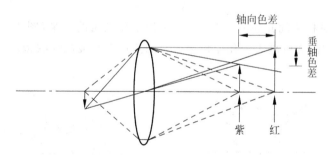

图 1.8 垂轴色差与轴向色差示意图

消除色像差比较困难,通常采用单色光源(或加滤光片),也可使用复合透镜来消除色像差。

1.4.3 像域弯曲

垂直于光轴的直立的物体经过透镜后会形成一弯曲的像面,称为像域弯曲,如图1.9所示,像域弯曲是几种像差综合作用的结果,在垂直放着的平胶片上难以得到全部清晰的成像。

像域弯曲可以用特制的物镜校正。平面消色差物镜或平面复消色差物镜都可以用来校正像域弯曲,使成像平坦清晰。

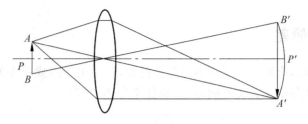

图 1.9 像域弯曲示意图

1.5 显微镜的物镜

显微镜的放大作用主要取决于物镜,物镜质量的好坏直接影响显微镜成像的质量,所以对物镜的校正是很重要的。近年来由于采用了计算机技术,物镜的设计和制造都有了改进。物镜的参数主要包括数值孔径、放大率、分辨率、焦深等。

1.5.1 数值孔径

物镜的数值孔径表征物镜的聚光能力,常用 NA 来表示。根据光学理论与实验证明,数值孔径主要决定于孔径角和物镜与试样间的介质折射率,具体关系为

$$NA - n\sin\varphi \qquad\qquad (1.6)$$

式中,n 为物镜与试样之间介质的折射率;φ 为物镜孔径角的一半(图 1.10)。φ 越大,物镜前透镜收集光线的能力就越大。孔径角是透镜的焦点至透镜边缘的张角,用 2φ 表示。

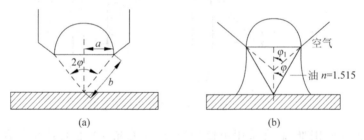

图 1.10 孔径角和数值孔径
(a) 干系物镜;(b) 油系物镜

从式(1.6)可以看出,物镜的孔径角和折射率越大,则数值孔径越大。增加孔径角的途径有两个,一是增加透镜组的直径,但这会给校正像差带来困难,因此受到限制;另一种方法是缩短物镜的焦距,即减小物镜与试样间的距离,这是目前常用的方法。NA 越大的物镜,其前透镜曲率很大,故焦距很短。

改变物镜与试样间的介质也是增加物镜数值孔径的有效措施。对于干系物镜(即物镜与试样之间的介质为空气),由于 $n=1$,因而物镜的数值孔径不能大于 1,一般只能 0.9 左右。对于油浸物镜,由于物镜与试样之间放了折射率较大的介质,因而进入物镜的光线增加。当介质为 $n=1.515$ 的松柏油时,数值孔径值最大可达 1.4 左右。油浸物镜在物镜镜体上刻有 Hi、Oil 或 öl,同时有环绕镜体的黑圈标志。物镜的数值孔径一般都标在物镜的镜

体上。

物镜的数值孔径的大小,标志着物镜分辨率的高低,即决定了显微镜分辨率的高低。数值孔径几乎决定和影响着其他各项技术参数,它与分辨率、放大率(有效放大率)成正比,与焦深成反比,NA 值的平方与图像亮度成正比,NA 值增大,视场范围与工作距离都会相应地变小。

1.5.2　分辨率

物镜的分辨率是指试样上细微组织构成清晰可分的映像的能力,用它能清晰地分辨试样上两点间的最小距离 d。分辨率决定了显微镜分辨试样上细节的程度。物镜使物体放大成一实像,目镜的作用是使这个实像再次放大,目镜只能放大物镜已分辨的细节,物镜未能分辨的细节,决不会通过目镜放大而变得可分辨。因此显微镜的分辨率主要取决于物镜的分辨率。物镜分辨率为

$$d = \frac{\lambda}{2\text{NA}} \tag{1.7}$$

式中,λ 为入射光的波长;NA 为物镜的数值孔径。可见,物镜分辨率与入射光的波长成正比,与数值孔径成反比。

对于一定波长的入射光,物镜的分辨率完全取决于物镜的数值孔径,选用物镜的数值孔径越大,分辨率就越高。波长越短,分辨率越高。降低波长 λ 值,可使用短波光作光源。如采用紫外线作为照明光源,可使分辨率高于可见光的 2 倍。电子显微镜是利用电子束作光源,电子束也具有波动性,它的波长更短,其 d 值为几个 Å。如使用可见光(如卤素灯或钨丝灯)作灯源,可加蓝色滤光片以吸收长波的红、橙光,使波长接近于平均波长,以利镜检观察。

为了充分利用物镜的分辨率,使操作者看清已被物镜分辨出的组织细节,显微镜必须有适当的放大率。人眼睛能看清的组织细节对眼睛的视角应大于眼睛的极限分辨角。当照明条件良好时,这一极限分辨角约为 $1'$。为了使眼睛能够不太费力地分辨,视角应不小于 $2' \sim 4'$。如果取 $2'$ 为分辨角的下限,$4'$ 为分辨角的上限,则人眼在明视距离处能分辨的线距离 d' 为

$$250 \times 2 \times \frac{1}{60} \times \frac{\pi}{180} \leqslant d' \leqslant 250 \times 4 \times \frac{1}{60} \times \frac{\pi}{180} \tag{1.8}$$

即人眼在明视距离处的分辨距离应不小于 $0.15 \sim 0.3\text{mm}$。显微镜的放大率 M 为 d' 与 d 之比,所以

$$d' = d \times M = \frac{\lambda M}{2\text{NA}} \tag{1.9}$$

将式(1.9)代入式(1.8),并设所用光线的波长为 $0.55\mu\text{m}$(黄绿光),则可以得到 M 的近似表达式如下:

$$500\text{NA} < M < 1000\text{NA} \tag{1.10}$$

放大率的这个范围称为有效放大率。放大率小于式(1.10)所给出的下限时,人眼不能看清物镜分辨的组织细节,放大率大于式(1.10)所给出的上限时,人眼并不能看到更多的细节,物体的像反而不如放大率较低时清晰,这种放大称为"虚放大"或"无效放大"。

1.5.3　焦深(垂直分辨率)

物镜的分辨率是横向的分辨能力和清晰度,即鉴别相邻组织细节的能力。焦深是物镜对高低不平的物体能够清晰成像的能力,即沿光轴方向能把物体的细节观察得相当清晰的距离大小。一般金相试样腐蚀后,表面都是凹凸不平的,为了得到清晰的像,物镜必须有一定的垂直分辨能力。当显微镜准确聚焦于某一平面时,如果位于前面及后面的物面仍能被观察者看清楚,则该最远两平面之间的距离就是焦深。物镜的焦深主要取决于物镜的数值孔径。在照相时,物镜的焦深(d_L)与数值孔径 NA 之间的关系如下:

$$d_L = \lambda \left[n^2 - (NA)^2 \right]^{\frac{1}{2}} / (NA)^2 \qquad (1.11)$$

从式(1.11)可看出,物镜的数值孔径越大,其焦深越小。在物镜的数值孔径特别大的情况下,显微镜可以有很好的分辨率,但焦深很小。因此要根据需要选择数值孔径合适的物镜。在实际操作中缩小孔径光阑,可以提高物镜的垂直分辨率,但与此同时会降低物镜的分辨率,因此不宜采用。当显微镜用于高倍观察时,由于焦深小,观察的金相试样只有表面高低差别很小时,才能清晰成像,因而高倍观察所用的试样应浅腐蚀。

1.5.4　工作距离与视场范围

物镜的工作距离是指显微镜聚焦后,试样表面与物镜的前端之间的距离。物镜的放大率越高,工作距离越短。高放大率物镜的工作距离相当短,因此,在观察时调焦需要格外细心,一般应使物镜朝离开样品的方向运行。

视场范围是指显微镜中所观察到的试样表面区域的大小。视场范围与物镜的放大率成反比。普通物镜初次放大实像的直径一般为18mm。放大率为10×、40×、100×的物镜,其视场的直径分别为 1.8mm、0.45mm 及 0.18mm。平视场物镜初次放大实像直径可达28mm,视场范围大大增加。

1.5.5　物镜的基本类型

根据对各种像差校正程度的不同,一般将物镜分为消色差物镜、复消色差物镜和平视场物镜三大类。

(1) 消色差物镜(achromat):消色差物镜对球面像差的校正只限于黄绿光范围内,对色像差只校正红、绿光。因此消色差物镜仍有残余的色差,像域弯曲仍然存在。使用消色差物镜时采用黄绿光照明或加黄绿色滤色片可以减少像差。消色差物镜结构比较简单,成本低,视场中部像差基本上可得到校正。

(2) 复消色差物镜(apochromat):复消色差物镜是质量很高的物镜,对色差可校正红、绿、紫三个波区(实际等于整个可见光范围);球面像差校正可达绿紫光范围,但对像域弯曲没有根本的改善。这种物镜对光源没有任何限制,一般数值孔径较大,成像质量较高,适于高倍观察。

(3) 平视场物镜(plan):以上两种物镜都是根据对球面像差和色像差的校正程度来分

类的。而平视场物镜是以视场平面校正的广度为标准的。平视场物镜可使像域弯曲得到很好的校正。平视场物镜可分为平场消色差物镜和平场复消色差物镜。对球面像差和色像差的校正分别与消色差物镜和复消色差物镜相同。这种物镜的特点是显著地扩大了像域的平整范围,使整个视场都比较清晰,适于观察,更有利照相。

1.6　显微镜的目镜

目镜的作用是将物镜放大的实像再放大,观察时在明视距离处成一放大的虚像,照相时底片上得到一实像。有的目镜还可以校正物镜未能完全校正的像差。目镜包括补偿目镜、广视场目镜、惠更斯目镜、雷斯登目镜和测微目镜。一般常用目镜为补偿目镜和广视场目镜。

(1) 补偿目镜:补偿目镜是一种特制的可校正垂轴像差的目镜,分负型和正型两种,配合 NA>0.65 的消色差物镜、所有的复消色差物镜及平场消色差物镜使用,可以消除后者校正不足的垂轴色差,使得边沿也能得到清楚的映像,可用于高倍观察。补偿目镜端面标有 K 字和放大倍数,如 K10×。

补偿目镜的特点是过度地校正横向色差,即设计成红像比蓝像大,用以补偿复消色差物镜的残余横向色差,由于其光学像差校正极佳,其放大倍数可达 30×。

(2) 广视场目镜:广视场目镜又称为广角目镜。它配合平视场物镜使用,可以扩大初次放大实像的有用面积。一般目镜视场角在 30°左右,广角目镜是指视场角在 50°以上、放大倍数在 12.5×及以上的平场目镜和视场角在 50°以上、放大倍数 10×及以下的平场目镜。

目镜的外侧或端面标刻有"W"或"WF"和"WHK"字样。在高档次的研究用显微镜上,有的还配置超广视场目镜,视场范围更大,更便于观察,目镜外侧标有"SWK"字样。广角目镜的视场数大,如放大倍数为 10×的目镜的视场数为 20;超广角目镜的视场数可达 26.5。

(3) 惠更斯(Huygens)目镜:惠更斯目镜是由两片未经色差校正的平凸透镜组成:靠近眼睛的透镜称目透镜,起放大作用;另一块透镜称场透镜,它能使映像亮度均匀。在两块透镜之间的目透镜焦平面放一光阑,把显微镜刻度尺放在此光阑上,就能从目镜中观察到叠加在物像上的刻度。惠更斯目镜既可用于观察,又可用于照相。当物镜所成的像在目透镜焦点之内时成放大虚像,可进行显微观察;当物镜所成的像在目透镜焦点之外时成放大的实像,可进行显微摄影。惠更斯目镜因焦点在两透镜之间,故不能单独作为放大镜使用。这种不能单独作放大镜使用的目镜叫做负型目镜。惠更斯目镜没有校正像差,只适合与低中倍消色差物镜配合使用,它的放大倍数一般不超过 15 倍。惠更斯目镜结构简单,价格便宜,最为常用。

(4) 雷斯登(Ramsden)目镜:雷斯登的目镜的焦点位于场透镜之外,可以看作单一的凸透镜,并能单独当作放大镜使用,这种可以单独当作放大镜使用的目镜称为正型目镜。雷斯登目镜对像域弯曲和畸变有较好的校正。在同样放大倍数下,视场比负型目镜小。

(5) 测微目镜:定量测量某些显微组织,如测定晶粒大小,石墨、渗层、脱碳层、显微硬度压痕尺寸等,需要使用专门的测微目镜。为调节刻度的清晰程度,专用的测微目镜常使用具有透镜高度调节器,使目镜可略微上下移动。这种目镜的构造与正型或负型目镜相同,但是在目透镜的前焦点处,安装有显微刻度或网格的圆玻璃片。

1.7　金相显微镜的照明系统

1.7.1　光源

金相显微镜的光源通常有钨丝白炽灯、卤素灯、碳弧灯、氙灯等。

(1) 钨丝白炽灯：一般中小型显微镜上都配有低压钨丝灯，工作电压一般为 $6\sim8V$，用小调压器调节，功率为 $15\sim100W$。这种灯适合金相组织的观察。

(2) 卤素灯(卤钨灯)：目前金相显微镜中供观察用的低压白炽钨丝灯已逐渐为卤素灯所取代。这是因为普通灯泡中的钨丝白炽发光时，表面钨会蒸发扩散而聚集在灯泡上，使灯泡发黑，降低照明亮度，同时灯丝会逐渐变细以至断掉。卤素灯是钨丝灯的改进，如果在灯泡中加入少量的碘，通过所谓"碘钨循环"，就可以有效地避免上述缺陷。它的原理是：碘分子 (I_2) 在高温灯丝附近分解为碘原子 (I)，碘原子与灯泡壁上的钨在 $250\sim1200℃$ 的范围内可化合生成易挥发的碘化钨 (WI_2)，碘化钨扩散到高温 $(>1400℃)$ 的钨丝上又会发生分解，沉淀到灯丝上。如此循环可以避免灯泡发黑，延长灯泡的使用寿命。卤钨灯的灯泡必须用耐高温的石英玻璃制造。

(3) 碳弧灯：碳弧灯是利用两支暴露在空气中而相互靠近的碳棒，通电后产生强烈的电弧发出亮度很高的光。一般采用交流电供电，但由此将产生电弧闪烁跳动，光源不稳定，特别不利于照相，这是其主要缺点。

(4) 氙灯：是在石英管内装上钨电极并充上高压氙气，利用放电发光。其特点是光强高、输出稳定、寿命较长。此外，氙灯光具有类似日光灯性质的连续光谱，可以用于彩色照相。氙灯容易爆炸，因此使用时要特别注意安全，安装或更换氙灯时要戴防护眼镜或面罩以及防护手套，使用时间最多不得超过规定时间的 125%。使用新氙灯，应在起动前用酒精把石英表面的油污擦干净。氙灯关闭后要冷却(一般约 $10min$ 以后)才能再次起动。尽量减少起动次数可以显著延长氙灯的使用寿命。

1.7.2　临界照明与科勒照明

显微镜光源有几种使用方法，它们之间的区别在于透镜位置不同，光程中聚焦情况各异，得到不同照明，显微镜的照明方法有临界照明、科勒照明、散光照明、平行光照明等，这里着重介绍前两种。

临界照明的特点是光源的像通过聚光透镜首先聚焦在视场光阑上，然后与视场光阑的像一起聚焦在试样表面，如图 1.11 所示。采用临界照明可以得到最高的亮度，但要求光源具有非常均匀的辐射表面(如点光源)，否则在视场中将会看到光源的放大影像，这对于观察显微组织细节和显微照相都是很不利的。

科勒照明和临界照明的区别在于：光源的像通过聚光透镜首先聚焦在孔径光阑上，然后与孔径光阑的像一起聚焦在物镜的后焦面，如图 1.12 所示。采用科勒照明可以使物镜的

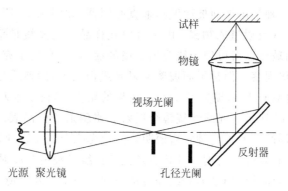

图 1.11　临界照明原理图

后焦面得到充分的照明,因而可以最充分地发挥物镜的分辨率;它还可以使视场得到非常均匀的照明,对光源均匀性的要求也不像在临界照明时那样严格。目前,新型显微镜都已采用科勒照明,但是仍有一些老式显微镜采用临界照明。

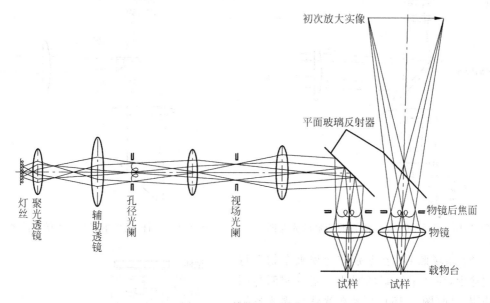

图 1.12　科勒照明原理图

1.7.3　照明方式与垂直照明器

金相显微镜的照明方式分为明场照明和暗场照明。

(1) 明场照明:明场照明是金相显微镜主要的照明方式。在明场照明中光源光线通过垂直照明器(图 1.13 及图 1.14)转 90° 进入物镜,垂直地(或接近垂直地)射向样品表面。由样品反射回来的光线再经过物镜到目镜。如果试样是一个抛光的镜面,反射光几乎全部进入物镜成像,在目镜中可看到明亮的一片。如果试样抛光后再经过腐蚀,试样表面高低不平,则反射光将发生漫射,很少进入物镜成像,在目镜中看到的是暗黑色的像。在明场观察时,通常采用两种垂直照明器。其作用都是使来自光源的光线转 90°,不过它们的光路不同,效果也不一样。一种是用平面玻璃做的垂直照明器,如图 1.13 所示。平面玻璃表面与光源光线成 45°,将光线反射进入物镜;由于投射在样品上的光线是垂直入射,因而成像平坦、清晰。此外,平面玻璃反射可使光线充满物镜的后透镜,有利于充分发挥物镜的鉴别能力,适用于中倍和高倍观察。但是平面玻璃反射光线损失大,即使采用最好的平面玻璃,最后到达目镜的光线也只有 1/4,损失了 3/4,故成像的亮度小,衬度也差。另一种是用棱镜作垂直照明器,如图 1.14 所示。光线经棱镜全反射后略斜射于样品表面,可造成一定的立体感,有利于观察表面浮凸。此外这种垂直照明器能使光线全部反射到物镜后透镜上,光线损失极少,成像亮度大,有较好的衬度。其缺点是光源光线经棱镜全反射后经物镜后透镜的一半照射在样品表面上,而反射回来的光线经过透镜的另一半进入目镜,也就是说物镜实际使用的孔径角减小了一半,即数值孔径减小,从而大大降低物镜的分辨率,因此只适用于低倍观察,一般不超过 100 倍。现代新型的显微镜已经不再用这种全反射棱镜作垂直照明器。

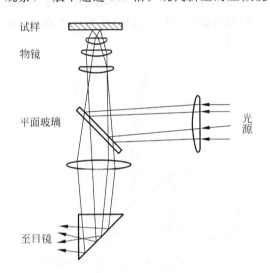
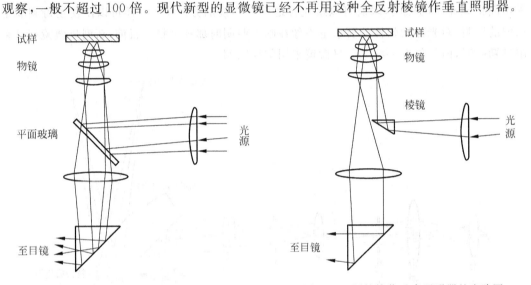

图 1.13　用平面玻璃作垂直照明器的光路图　　　　图 1.14　用棱镜作垂直照明器的光路图

　　(2)暗场照明:在鉴别非金属夹杂物等特殊用途中,往往采用暗场照明。暗场照明与明场照明不同(图 1.15),其光源光线经聚光透镜后形成一束平行光线,通过暗场环形光阑时,平行光线的中心部分被挡住,形成一管状光束,然后经过平面玻璃反射,再经过暗场曲面反射镜的反射,管状光束以很大的倾角投射在样品上。这里要注意,管状光束是从物镜四周通过的,物镜未通过光线从而未起聚光作用。如果样品表面平滑均匀,则投射光线以很大的倾角反射出去,光线不进入物镜,在目镜中看到的是一片暗黑色。如果样品表面存在高低不平之处,则反射光线就有部分进入物镜而形成明亮的像。这与明场照明下观察的结果正好相反。

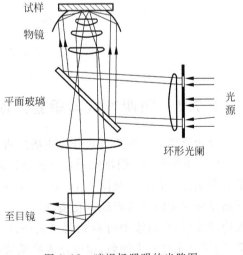

图 1.15　暗视场照明的光路图

1.7.4　光阑

金相显微镜照明系统中有两个光阑：孔径光阑和视场光阑。

（1）孔径光阑：孔径光阑安装在聚光透镜后面，靠近光源处，由于它的大小可改变入射到物镜的光束的孔径角，从而改变了物镜的数值孔径，故称该光阑为孔径光阑。孔径光阑可以控制入射光束的粗细，其大小对于显微图像的质量有一定的影响。一般显微镜的孔径光阑是可以连续调节的。缩小孔径光阑，光束变细，使物镜的孔径角缩小，因而降低了物镜的数值孔径，使物镜的分辨率降低，但缩小孔径光阑可减小球面像差和轴外像差，增大景深和衬度，使映像清晰。扩大孔径光阑，入射光束变粗，物镜的孔径角增大，可以使光线充满物镜的后透镜，这时数值孔径可以达到额定值（即物镜体上标刻的 NA 值），分辨率亦随之提高；但是由于球面像差的增加以及镜筒内部反射与炫光的增加，成像质量将降低。因此孔径光阑对成像质量影响很大，使用时必须做适当的调节，不能过大或过小，其合适程度应以光束充满物镜后透镜为准，并根据成像的清晰程度来判断，实际操作是在目镜筒内看到孔径光阑在物镜后焦面上成像达物镜孔径的 80%～90% 时为好。更换物镜后，孔径光阑必须作适当调节。但是不应用它来调节视场的亮度。

（2）视场光阑：相对光源来说，视场光阑安装在孔径光阑之后。经光学系统后，所成的像要恰好投射在金相试样表面，调节此光阑可以改变视场大小，因而称之为视场光阑。调节视场光阑可以改变显微镜视场的大小，而并不影响物镜的分辨率。适当调节视场光阑还可以减少镜筒内的反射及炫光，提高成像衬度和质量，但是要注意，视场光阑缩得太小，会使观察范围太窄，一般应调节到与目镜视场大小相同。

光阑的作用是提高成像质量，不能利用它来调整成像的亮度。如果增加亮度，应从光源强度方面来改进，这是在操作显微镜时要特别注意的。

1.7.5　滤色片

滤色片是显微镜的辅助部件，合理选用可提高成像质量。滤色片是由不同颜色的光学玻璃片制成的透明薄片，目的是只允许一定波长的光线通过。滤色片有以下几个主要作用：配合消色差物镜使用黄绿色滤色片，可以使像差得到最大限度的校正；对复消色差物镜，可采用蓝色滤色片，由于蓝光波长较黄绿光短，因而可以提高物镜的分辨率；减弱光源的强度。新型显微镜除了备有常用的黄绿色滤色片外，还有一个或几个灰色中性密度的滤色片，可用来减弱入射光线的强度而并不改变入射光的其他特性。该种滤色片最好采用英高镍（Inconel）镍铬合金（一种镍基高温合金）在玻璃片上形成蒸发沉淀膜，可根据需要制成具有不同光线透过率的滤色片，其透过率为 0.001%～80%。

1.8　金相显微镜的使用

1.8.1　使用规程

金相显微镜是一种精密的光学仪器，使用时要求细心谨慎。在使用显微镜工作之前首先应熟悉其构造特点及各主要部件的位置和作用,然后按照显微镜的使用规程进行操作。

(1)接通电源。

(2)选择合适的物镜与目镜,转动物镜转换器进行物镜转换。一般先进行低倍观察,再进行高倍观察。

(3)将试样放在载物台上,试样对准物镜中心。

(4)调焦时,应先粗调,后微调,为了避免试样与物镜碰撞,应先使物镜靠近试样(不能接触)然后一面从目镜中观察,一面双手转动粗调手轮调焦,使物镜慢慢离开试样,当视场亮度增强并出现模糊物像时,改用微调手轮调节,直到物像调整到最清晰程度为止。

(5)适当调节孔径光阑和视场光阑,以获得最佳质量的物像。

(6)观察完毕切断电源,并将载物台降到最低点。

1.8.2　使用注意事项

(1)操作时需细心谨慎,避免剧烈动作。光学系统不允许自行拆卸。

(2)显微镜的物镜和目镜是显微镜的主要光学部件,装卸时应格外小心,不得用手摸透镜。对于透镜上的灰尘、油脂、污垢,不能用手或手帕去擦,以免在镜头上留下划痕及脏物,而应用软毛刷或镜头纸轻轻擦拭;难以除去的污渍可用药棉签蘸二甲苯擦拭。注意不能用酒精和乙醚等溶液,因为镜头上的粘接胶会被这些溶液溶解掉。油浸系物镜使用后,也要及时用二甲苯清洗。

(3)调焦时,应先粗调,后微调,在旋转粗调(或微调)手轮时动作要慢,碰到某种阻碍时应立即停止操作,查找原因,不得用力强行转动,否则会损坏机件。

(4)用于显微镜观察的样品要干净,不得残留酒精和腐蚀剂,以免污染腐蚀物镜。

(5)显微镜对潮湿、高温、灰尘、腐蚀气体、震动等因素十分敏感,因此放置显微镜的房间应清洁、干燥、通风,并远离震源。

1.9　图像采集与处理

数码金相显微镜是将光学显微镜技术、光电转换技术、计算机图像处理技术结合在一起而开发研制成的高科技产品,可以在计算机上很方便地观察金相图像,从而对金相图谱进行分析、评级等以及对图片进行输出、打印。

1.10　实验部分

1.10.1　实验目的

(1)了解金相显微镜的基本原理和构造。

(2)掌握金相显微镜的使用方法。

(3)会使用金相显微镜观察金相组织。

1.10.2 实验内容

(1) 通过金相显微镜的实际操作,掌握金相显微镜的成像原理、结构及使用方法。

(2) 观察工业纯铁和低碳钢样品(退火态)的组织,画出金相组织示意图。

(3) 通过观察金相样品的操作过程,掌握物镜和目镜的选择与匹配、孔径光阑和视场光阑的调节、滤色片的使用、放大倍数的计算等。

(4) 利用暗场照明观察分析和鉴别钢中夹杂物。

1.10.3 实验报告要求

(1) 画出工业纯铁和低碳钢样品(退火态)的组织示意图;注明合金成分、热处理工艺、放大倍数及各组织组成物的名称;并在组织图外用箭头标明相组成物和组织组成物的名称;描述组织特征。

(2) 画出显微镜科勒照明原理图,用平面玻璃作垂直照明器的光路图。

(3) 简述显微镜操作规范。

1.10.4 思考题

(1) 简述物镜的标记含义。

(2) 画图说明明场照明和暗场照明的原理,并说明暗场照明的优缺点。

(3) 画出显微镜的光路图,并说明其中聚光镜、垂直照明器、孔径光阑、视场光阑、滤色片的特点和作用。

(4) 简要说明金相显微镜的结构及操作要点。

参考文献

[1] 孙业英.光学显微分析[M].北京:清华大学出版社,2003.

[2] 葛利玲.材料科学与工程基础实验教程[M].北京:机械工业出版社,2008.

[3] 沈桂琴.光学金相技术[M].北京:北京航空航天大学出版社,1992.

[4] 材料科学技术名词审定委员会.材料科学技术名词[M].北京:科学出版社,2011.

[5] 郭可信.金相学史话(1):金相学的兴起[J].材料科学与工程,2000,18(4):2-9.

第 **2** 章

定量金相分析

2.1　引言

金属的显微组织决定了其性能,因此在材料学科的科学研究中对金属的组织非常重视。随着材料科学的发展,对材料中某些组织及相含量的要求越来越严格,因此仅对显微组织形态做定性分析已经远远不能满足要求,这就促进了定量金相技术的发展。

由于定量金相分析需进行多次重复测量,手工操作繁杂,使分析研究受到限制。近年来,由于计算机的广泛应用,图像分析技术的进展,出现了专用的自动图像分析仪,促进了定量金相研究的发展,使得研究材料的显微组织与性能间的定量关系获得了新的进展。

我们所研究的材料通常是不透明的,因此不能直接观察组织的三维立体图像,只能在二维截面上或者是从薄膜透射投影图上对材料组织进行测量,然后去推断三维图像。这种从二维图像推断三维组织图像的科学就叫体视学,把体视学应用于金相学研究的科学就叫定量金相学。

2.2　基本符号和基本方程

在定量金相分析中测量的是材料组织的点(P)、线长(L)、平面面积(A)、曲面面积(S)、体积(V)、物体的个数(N)。由此派生出一些复合的符号,它们往往表示了被测量与测试用的量(用下标 T 表示)的比值:

P_P——点分数,总测试点数(P_T)和落入某个相内的点数(P)之比,即 $P_P = P/P_T$;

P_L——单位长度测试线所交的点数,$P_L = P/L_T (\mathrm{mm}^{-1})$;

P_A——单位测试面积中的点数,$P_A = P/A_T (\mathrm{mm}^{-2})$;

P_V——单位测试体积中的点数(mm^{-3});

L_L——线段分数,单位长度测试线中处于某个相内的线段长度($\mathrm{mm/mm}$);

L_A——单位测试面积中线段长度($\mathrm{mm/mm}^2$ 或 mm^{-1});

L_V——单位测试体积中的线段长度（mm/mm³ 或 mm⁻²）;

A_A——面积分数，单位测试面积中某相所占有的面积，$A_A=(A_A)_\alpha=A_\alpha/A_T$（mm²/mm²）;

S_V——单位测试体积中被测相的曲面积，$S_V=S/V_T$（mm²/mm³ 或 mm⁻¹）;

V_V——单位测试体积中某相的体积，$V_V=(V_V)_\alpha=V_\alpha/V_T$（mm³/mm³）;

N_L——单位测试线所交某相的点数（mm⁻¹）;

N_A——单位测试面积内某相的数量，$N_A=(N_A)_\alpha=N_\alpha/A_T$（mm⁻³）;

N_V——单位测试体积中某相的数量，$N_V=(N_V)_\alpha=N_\alpha/V_T$（mm⁻³）;

$\bar{L}$——平均线截距长度，$\bar{L}=L_L/N_L$（mm）;

$\bar{A}$——平均截面积，$\bar{A}=A_A/N_A$（mm²）;

$\bar{S}$——平均曲面积，$\bar{S}=S_V/N_V$（mm²）;

$\bar{V}$——平均体积，$\bar{V}=V_V/N_V$（mm³）。

定量分析中常用的体视学基本方程有以下几个：

$$V_V=A_A=L_L=P_P \tag{2.1}$$

$$S_V=\frac{4}{\pi}L_A=2P_L \tag{2.2}$$

$$L_V=2P_A \tag{2.3}$$

$$P_V=\frac{1}{2}L_VS_V=\frac{2}{\pi}L_VL_A=2P_AP_L \tag{2.4}$$

以上方程列出了一些基本量之间的换算关系，通过这些公式可以把不能直接测量的量用直接测量的量推算出来。它们的基本关系如图 2.1 所示。图中圆圈表示的量为可以直接测定量，方框表示的量只能利用直接测量的量计算出来。

（1）式（2.1）表示体积比、面积比、线长比及点数比是相等的关系。可以通过测量试样表面上任一位置处被测相的点数比、线长比、面积比计算出体积比，体积比是不能直接测量的。由被测相的体积百分比乘以其密度即可得到被测相的质量百分比。

（2）式（2.2）表示单位测试体积中被测相的

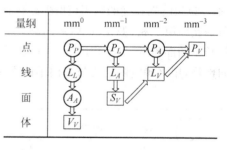

图 2.1 测量值与计算值的关系

表面积与单位测试面积中被测相所占的线长以及单位测试线上被测相中所占的点数的关系。通过测量单位测试面积中的被测相的长度 L_A 及单位测试线上被测相的点数，可以计算出单位测试体积中被测相的表面积。这里单位测试体积中被测相的表面积是不能直接测量的。

（3）式（2.3）表示单位测试体积中被测相的线长与单位测试面积中被测相所占的点数之间的关系。从单位测试面积中测量被测相所占的点数，可以计算出不能直接测量的量 L_V。L_V 在材料科学中被定义为线组织位错的位错密度。位错密度是金属物理中一个十分重要的量，与材料的性能有着密切的关系。

（4）式（2.4）表示单位测试体积中被测相的点数和单位测试面积上被测相的点数以及

单位测试线上被测相点数的关系。这里 P_V 是不能直接测量的,可以由 P_A 和 P_L 的测量并计算得出。

总之,以上方程给出了从一维、二维的研究推算三维空间组织状况的方法。这些基本方程可以通过数学推导给出证明,具体推导这里不做论述。

2.3　定量分析的基本方法

最常用的测量方法有以下几种:比较法、截线法、截面法、计点法及联合截取法等,以下仅简单介绍前三种。

2.3.1　比较法

比较法是把被测相与标准图进行比较,与标准图中哪一级接近就定为那一级。如晶粒度、夹杂物、碳化物及偏析等都可以用此方法定出级别。比较法简便易行,但往往由于测量者的主观因素而带来误差,精确性和再现性差,故把比较法归为半定量测量。标准评级图可查阅相关手册及有关国家颁布标准。

2.3.2　截线法

截线法是用一定长度的刻度尺测量单位长度测试线上的点数 P_L,单位长度测试线上的物体个数 N_L 及单位测试线上第二相所占的线长 L_L。测量用的模板有带刻度的直线(如图 2.2)和已知长度的圆周(如图 2.3(a))。如图 2.2 所示,组织中的颗粒是第二相,测试线所截获的第二相,颗粒数 $N_L=2$,截获的相界交点数 $P_L=4$,对于有方向性的组织,如变形后拉长了的晶粒等,可采用图 2.3(b)中所示的模板,圆内是一组平行线,圆外为 15° 间隔的径向网格,用来确定测量线与方向轴的夹角。

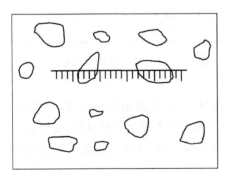

图 2.2　截线法

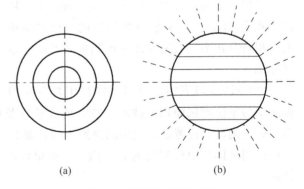

(a)　　　　　　　(b)

图 2.3　截线法所用的模块

2.3.3　截面法

用带刻度的网格来测量单位面积上的交点数 P_A 或单位测量面积上的物体个数 N_A,也可以用来测量单位测试面积上被测相所占的面积百分比 A_A。

2.4 定量分析在材料研究中的应用

2.4.1 晶粒尺寸的测定

晶粒度是表征材料中晶粒大小的参数。它与材料的有关性能如韧性、强度等有密切关系。因此测量材料的晶粒度有十分重要的实际意义。

一般以单位测试面积上晶粒的个数来表示材料的晶粒度。目前,世界上统一使用的是美国材料实验协会(American Society of Testing Materials,ASTM)推出的计算晶粒度的公式:

$$N_A = 2^{G-1} \qquad (2.5)$$
$$G = \lg N_A / \lg 2 + 1 \qquad (2.6)$$

式中,G 为晶粒度级别,N_A 为放大 100 倍下 1in^2($1\text{in}^2 = 6.45\text{cm}^2$)的面积上晶粒的个数。

常用的测量材料晶粒度的方法有比较法、截线法等。

1. 比较法

比较法是半定量的测试方法。测量时,把试样放在金相显微镜下,选取 100× 的放大倍数观察,把它与标准的晶粒度评级图进行比较,找到与晶粒大小最相近的图片,我们就把相应图片的晶粒度级别定为被测试样的晶粒度。事实上很少遇到均匀的单一号数的晶粒度,所以一般采用跨两个或三个级别的方式进行标记。如 7~8 级或 7~5 级、前一个数字表示的晶粒度级别占晶粒的大多数,后一个数字表示的晶粒度占晶粒的少数。若只用一个数表示,则表明这种晶粒度级别占 90% 以上。如果材料的晶粒很小,也可以在高的显微倍数下观察,不过最后都要换算成 100× 放大倍数下的晶粒级别。不同放大倍数下的晶粒度级别的换算列于表 2.1 中。

表 2.1 晶粒度级别的换算

其他放大倍数	放大 100× 的粒度级别												
	−1	0	1	2	3	4	5	6	7	8	9	10	11	12
50×	1	2	3	4	5	6	7	8	—	—	—	—	—	—
200×	—	—	—	1	2	3	4	5	6	7	8	—	—	—
300×	—	—	—	—	1	2	3	4	5	6	7	8	—	—
400×	—	—	—	—	—	1	2	3	4	5	6	7	8

2. 截线法

截线法也叫弦计法,又叫晶粒平均直径法。首先选代表性的部分,用一定长度的测试线 L 与晶粒相截交,数出所截交晶粒个数 N,末端未被完全截交的晶粒以一个计入,如图 2.4 所示。算出单位测试线上的晶粒个数 N_L,并算出晶粒的平均截距 $\bar{L}$。

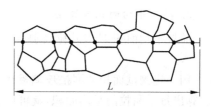

图 2.4 截线法求 P_L 和 N_L(单相晶粒)

根据 ASTM 关于晶粒度的计算公式：晶粒平均截距 $\bar{L}_0$ 为 0.320mm 时，其晶粒级别为 0，对平均截距为 $\bar{L}$ mm 的晶粒，其晶粒度级别为

$$G = -3.2878 - 6.6439 \lg \bar{L} \tag{2.7}$$

表 2.2 列出了不同平均截距下的晶粒度级别。在算出晶粒的平均截距 $\bar{L}$ 后，可直接查表 2.2 得出晶粒度级别。用截线法测晶粒度时，需变换观察的视野区域，要求每条测试线所截取的晶粒数以及选不同区域截取的次数尽量多，以便使测量结果更精确。

表 2.2   不同晶粒度的晶粒平均截距

晶粒级别度 G	0	1	2	3							
平均截距 $\bar{L}$/mm	0.320	0.226	0.160	0.113							

晶粒级别度 G	4	5	6	7	8	9	10	11	12	13	14
平均截距 $\bar{L}$/μm	80.0	56.0	40.0	28.3	20.0	14.1	10.0	7.07	5.00	3.54	2.50

1964 年，希利阿德（Hilliard）提出用图形测试线来测量晶粒的平均截距，再得到其晶粒度级别。

具体测量步骤如下：

（1）用 3 个已知周长的同心圆作测试线，圆的周长一般可取 100mm、200mm 及 500mm。

（2）将已知周长的圆刻在透明塑料板上，将其覆盖在显微照片或显微镜的显示屏上；也可以制成带刻线的玻璃片并放在可以调焦的目镜内，测试圆的直径为视场直径的 2/3，线的宽度等于或小于 0.01mm。

（3）测试时选一个测试圆，放大倍数的选择原则应使测试圆平均每次与 6 个以上的晶粒相交，对于比较均匀的等轴晶粒组织，测试圆与晶界相交的次数累计达 35 个左右即可保证晶粒度级别误差在 0.3 以内，如果测试圆与晶界相切，按一个晶粒数计入，如果通过 3 个晶粒晶界的交点，则按 1.5 个计入。

（4）设测试圆的周长为 L_T，P 为测试圆与晶界相交的次数，P_L 为单位长度测试线与晶界相交的次数，则：

$$\bar{L} = 1/P_L = 1/(P/L_T) = L_T/P \tag{2.8}$$

如果显微组织的放大倍数为 M，则测试线的实际长度为

$$\overline{L'} = \bar{L}/M \tag{2.9}$$

这时平均截距为

$$\overline{L'} = L_T/PM \tag{2.10}$$

由式（2.7）得到

$$G = -3.2878 - 6.6439 \lg(L_T/PM) \tag{2.11}$$

3. 晶粒平均面积计算法

晶粒平均面积 F 与晶粒级别 G 有如下关系

$$F = 500 \times 2^{8-G} \tag{2.12}$$

用一定测试面积的网格玻璃板在视域内选一定的面积，数出其面积中所包含的晶粒个数，算出每个晶粒的平均面积，就可以计算出晶粒度级别。数晶粒个数 N 时，有的晶粒被选定的测试面积圈到一部分或大部分，也要计算在内。如果 n_1、n_2、n_3 和 n_4 分别 100%、75%、

50%和25%面积被圈住的晶粒所占的比例,则晶粒个数为

$$N = n_1 + \frac{3}{4}n_2 + \frac{1}{2}n_3 + \frac{1}{4}n_4 \tag{2.13}$$

在以上测量方法中所用的刻度尺和玻璃板可以放在显微镜目镜中进行测量,也可以用带刻度或网格的塑料薄膜直接放在显微镜上进行测量。若把刻度尺放在显微镜目镜中进行测量,须事先用物镜刻度尺标定出目镜刻度尺的长度(用 mm 表示)后,方可使用。

2.4.2　第二相颗粒的几何尺寸测定

许多合金强化是由弥散分布的第二相造成的,因此第二相的数量、尺寸、几何形状、分布对合金的性能有很大影响。在研究金属材料的强度及其他机械性能与显微组织的关系时,常用到一个重要的几何参数,叫做平均自由程,因此,我们在进行第二相颗粒的几何尺寸测定时,除需要测量第二相所占的百分比之外,还需测量第二相粒子的平均自由程。

1. 第二相颗粒所占百分比的测定

首先要测出单位测试线上第二相所占的线长 L_L 和单位测试线上第二相颗粒的个数 N_L。因为 $V_V = L_L$,所以就得到了第二相颗粒所占的体积百分比,乘以密度得到质量百分比。如图 2.5 所示为第二相颗粒的测量示意图,将测试线重叠在第二相上,测量测试线截割第二相的颗粒数、相界交点数及被截割的第二相线段长度,测试线线长度为 L_T,即可求出单位测试线上第二相的颗粒数 N_L 及长度 L_L。

$$L_L = \frac{\sum L_i}{L_T} = V_V \tag{2.14}$$

式中,$\sum L_i$ 为测试线上截割的第二相颗粒的线段长度总和;L_T 为测试线总长。

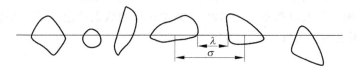

图 2.5　第二相颗粒的测量示意图

2. 第二相颗粒的平均自由程的测定

平均自由程是指截面上最近的颗粒从边缘到相邻颗粒边缘的平均距离,用 λ 表示,如图 2.5 所示。N_L 为单位测试线上第二相颗粒的个数,L_L 为单位测试线上第二相颗粒所占的线长,那么 λN_L 和 $(1-L_L)$ 都表示单位长度测试线中第二相颗粒间的总长度,即

$$1 - L_L = 1 - V_V = \lambda N_L$$

因此

$$\lambda = (1 - V_V)/N_L \tag{2.15}$$

有时还使用第二相颗粒平均间距这一参数,它表示相邻两个颗粒中心之间的平均距离,用符号 σ 表示:

$$\sigma = 1/N_L \tag{2.16}$$

2.4.3　误差分析

在测量过程中,由于仪器、方法、操作人员等因素的影响,测量值总不能得到真值。一般认为真值是无限多次测量的平均值,而我们平时所做的有限次测量的平均值是随着测量次数的增加逐渐接近于真值的近似值。一般来说如果观察的系统误差小称为观测的准确度高,使用精确的仪器可以提高观测的准确度。如果观测的随机误差小称为测量的精确度高,增加观察次数可以提高观察的精确度。

对于显微组织的定量分析,每次测量的结果都不会完全一致,测量值与真值之间总存在误差,通常要进行误差分析。在误差分析中,最常用的是标准误差。

标准误差用 σ 表示,定义如下

$$\sigma = \sqrt{\frac{\sum_{i=1}^{n}(x_i-\bar{x})^2}{n-1}} \tag{2.17}$$

式中,x_i 为第 i 次的测量值;$\bar{x}$ 为测量值的算术平均值;n 为测量次数。

测量误差的计算步骤如下:

(1) 记录 n 次测试的数据:$x_1, x_2, \cdots, x_n$。

(2) 计算出测量值平均值 $\bar{x} = \frac{1}{n}\sum_{i=1}^{n}x_i$。

(3) 按式(2.17)求出测量值的标准误差。

(4) 求出计算误差:

$$\delta = \sigma/\sqrt{n} \tag{2.18}$$

由式(2.18)可知,测量误差与测量次数有关,即测量次数越多,误差越小,测量数值的精确度越高,由于测量的数值都不是精确值,必须给出所测数据的精确度。根据测量要求的精确度可以确定所需测量次数。

2.4.4　金相图像分析系统

在显微镜下进行人工定量分析费时费力,且不同的人测量结果也可能差别较大,使最终结果精确度较低。近年来出现的金相图像分析系统(图 2.6)能够迅速准确地进行大量的测量和计算,使得定量分析有了飞速的发展。金相图像分析系统包括硬件和软件,硬件主要包括图像输入设备、图像处理计算机和图像输出设备。软件分为通用图像分析软件和专用图像分析软件。

图像输入设备:金相图像包括实时视频图像、金相照片或胶片。对已存的金相照片和胶片可以采用扫描仪或胶片扫描仪直接输入计算机,对实时图像可以通过图像处理器和摄像头直接采集输入计算机。图像输出设备主要要包括视频图像输出设备和数字图像输出设备。常用视频图像输出设备有监视器、显示器、图像仪等;数字图像输出设备包括打印机磁盘存储器等。金相图像分析软件具备一般的图像处理功能,专用的金相软件一般采用国标。随着计算机技术的发展,金相图像分析系统越来越丰富多彩,功能齐全,操作便捷,硬件与软

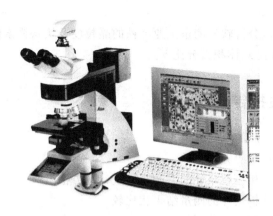

图 2.6 金相图像分析系统

件的功能强大,可扩充性强,还具备用户软件第二次开发功能。

图像分析经常进行的测定工作包括:

(1) 晶粒度、晶界总长度、晶粒总面积;

(2) 第二相的体积分数;

(3) 各类夹杂物的数量、形状、平均尺寸及分布;

(4) 高合金工具钢种的碳化物的带状偏析;

(5) 渗层的厚度;

(6) 碳化物的平均尺寸及平均间距;

(7) 再结晶或相变等研究工作。

图像分析系统对试样的制备要求很高,样品不平整、残留磨痕、抛光粉嵌入、侵蚀过深或过浅、组织剥落等都会影响成像质量,影响系统进行灰度或边界辨认组织,造成测量误差。因此,为了提高图像分析系统的测量精度,除了配备高分辨率的显微镜外,还必须保证良好的制样质量,试样磨面侵蚀要均匀、适中,组织衬度要分明,轮廓线要细而清晰,以便分析时能准确设置灰度门槛值。

2.5 实验部分

2.5.1 实验目的

(1) 了解定量金相分析的基本符号和基本方程的意义。

(2) 了解定量分析在材料科学研究中的应用。

(3) 熟悉定量金相方法测定晶粒尺寸及相的相对含量。

2.5.2 实验内容

(1) 观察工业纯铁金相组织,分别利用比较法、截线法测定工业纯铁的晶粒度。

(2) 观察 45 钢两相区淬火试样,测量块状铁素体(第二相颗粒)之间的平均间距 σ、平均

自由程 λ、体积百分比 V_v。

（3）利用金相图像分析软件测量工业纯铁的晶粒度及块状铁素体（第二项颗粒）之间的平均间距 σ、平均自由程 λ、体积百分比 V_v。

2.5.3　实验报告要求

（1）记录目镜刻度尺的标定方法。
（2）叙述测量晶粒度的方法步骤。
（3）叙述测定第二相颗粒尺寸的方法步骤及计算方法。
（4）与金相图像分析软件的测量结果相比较。
（5）对计算结果进行误差分析。

2.5.4　思考题

（1）什么是材料的晶粒度？测量方法有哪些？
（2）第二相颗粒的几何尺寸是如何表示的？如何测量？
（3）为什么要对目镜刻度尺进行标定，如何标定？

参考文献

[1]　孙业英.光学显微分析[M].北京：清华大学出版社,1997.
[2]　李自军.金相图像分析系统结构与应用[J].装备维修技术,2001(4)：19-22.
[3]　陈岳林,汪杰君,许廷丽.金相组织数字化采集系统[J].光学精密工程,2005(13)增刊：183-186.
[4]　胡美些.金属材料检测技术[M].北京：机械工业出版社,2011.
[5]　吴兴文.金相分析技术实验教程[M].武汉：武汉理工大学出版社,2010.
[6]　沈桂琴.光学金相技术[M].北京：国防工业出版社,1983.

第 3 章

金相显微试样的制备

3.1 概述

显微分析是研究金属显微组织的最重要的方法。在金相学的发展历史中,绝大部分研究工作是借助于光学显微镜完成的。近年来,电子显微镜的重要性日益增加,但是光学显微金相技术在教学、科学和生产中仍将占据一定的位置。

用光学显微镜观察和研究任何金属显微组织,通常分三个阶段进行:制备截取试样的表面;采用适当的腐蚀操作显示表面的组织;用显微镜观察和研究试样表面的组织。这三个阶段是一个有机的整体,无论哪一个阶段操作不当,都会影响最终效果。因此,不应忽视任何一个环节。不适当的操作可能形成"伪组织",导致错误的分析。为能清楚地显示出组织细节,在制样过程中不使试样表层发生任何组织变化,拖尾、划痕、麻点等,有时还需保护好试样的边缘。

粗糙的试样表面会对入射光产生漫反射,无法用显微镜观察其内部组织。因此,需要对试样表面进行加工(通常用磨光和抛光)以得到一个光亮的镜面。这个表面还必须能完全代表取样前所具有的状态,即不能在制样过程中使表层发生任何组织变化,这就是试样的制备阶段。仅具有光滑的平面试样,在显微镜下只能看到白亮的一片,而看不到组织细节,这是由于大多数金属组织相对于光具有相近的反射能力的缘故。为此必须用一定的试剂对试样表面进行腐蚀,使试样表面有选择性地溶解某些部分(如晶界),从而呈现微小的凹凸不平,这些凹凸不平都在光学系统的景深范围内,这时用显微镜就可以清楚地观察到组织的形貌、大小和分布,这就是组织显示阶段。经过上述两个阶段后,就可以进入显微分析的第三阶段,即显微组织的观察和分析。

由于研究材料各异,金相显微制样的方法是多种多样,其步骤通常可分为取样、镶样、磨光、机械抛光(或电解抛光、化学抛光)、腐蚀等几个主要工序。

3.2 金相显微试样的制备

金相试样制备的实验流程为取样(切割机或其他设备)→镶样(热镶样机或冷镶)→磨光(预磨机)→抛光(抛光机)→腐蚀(腐蚀液)。

3.2.1 取样

选择合适的、有代表性的试样是进行金相显微分析的重要一步,包括选择取样部位、检验面及确定截取方法、试样尺寸等。取样可分为两种情况,一种是系统取样,试样必须能表征被检验材料或零件的特点,即要有代表性。另一种是指定取样,即根据所研究的问题,有针对性地取样。

1. 取样部位

取样部位及检验面的选择取决于检验目的、被分析材料的特点、加工工艺过程及热处理过程,主要有以下几个方面的原则:

(1) 对系统取样中的常规检验可以查阅相关标准,按规定取样,如《中华人民共和国黑色冶金行业标准》等。

(2) 对于零件失效分析试样,需根据零件的使用部位、受力情况、出现裂纹的部位和形态等具体情况,抓住关键部位取样分析。

(3) 对铸件,必须从表面到心部,从上部到下部观察其组织差异,以了解偏析情况,以及缩孔疏松及冷却速度对组织的影响。

(4) 对锻轧及冷变形加工的工件,应采用纵向截面,以观察组织和夹杂物的变形情况;而热处理后的显微组织则应采用横向截面。

2. 试样截取

金相试样截取的方法很多,根据零件大小、材料性能、现场实际情况选择。对于软材料,可以用锯、车、刨等加工方法;对于硬材料,可采用砂轮切片机切割或电火花切割等方法。对于硬而脆的材料,可采用锤击方法,也可采用线切割方法。在切割时,应注意采取冷却措施,以免试样因受热而引起原观察组织的变化。试样上因截取时而引起的变形层或烧损层必须在后续工序中去掉。

3. 试样尺寸

截取的试样尺寸以便于握持、易于磨制为准。通常取用圆柱体(ϕ15mm×18mm)或边长为15~25mm的立方体。试样太小操作不便,试样太大则磨面过大,增加磨制时间且不易磨平。对于形状特殊或尺寸细小不易握持的试样,要采取镶嵌或机械夹持的方法。截取后的试样若不平,黑色金属一般要用砂轮打平,如铝、铜、镁等有色金属之类的软材料可用锉刀锉平。在磨制过程中,试样需不断用水冷却,以防止试样因受热升温而产生组织变化。此外,在一般情况下,试样周边用砂轮或锉刀磨呈45°(倒角),以免尖锐的边角在磨光及抛光时将砂纸和抛光织物划破,但是对于需要观察表层组织(如热处理表面强化层、化学热处理渗层、脱碳层、裂纹区等)的试样,须注意保护,严禁倒角而应保证磨面平整,这类试样最好进行镶嵌。

3.2.2　镶样

对于形状特殊或尺寸细小(如带、丝、片、管)、较软、易碎或者边缘需要保护的试样,要进行镶嵌或机械夹持,使其变成易于制备的试样。另外,随着试样磨光、抛光逐渐自动化,也要求试样尺寸标准化,这需要通过镶嵌完成。

镶嵌就是将试样镶在有机材料里,根据使用的材料和工艺分为热镶嵌、冷镶嵌和倾斜镶嵌。

1. 热镶嵌

热镶嵌就是用热固性塑料(如电木粉,即酚醛树脂)或热塑性塑料(如聚氯乙烯或聚苯乙烯)等做镶嵌材料,在镶嵌机内加热加压成形,然后冷却脱模而成。热固性塑料需加热到110～150℃,热塑性塑料加热温度更高,需 140～160℃。电木粉不透明,有各种颜色,而且比较硬,试样不易倒角,同时抗强酸强碱的耐腐蚀性能比较差。聚氯乙烯为半透明或透明状,抗酸碱的耐腐蚀性能好,但较软。用这两种材料镶样均需用镶样机加压加热才能成形,在镶嵌过程中,可能会引起淬火马氏体回火、软金属发生塑性变形等。因此对温度及压力极敏感的材料(如淬火马氏体与易发生塑性变形的软金属)以及有微裂纹的试样,应采用冷镶法,在室温下固化,避免试样组织发生变化。

XQ-1 型金相试样镶样机如图 3.1 所示,主要包括加压设备、加热设备及压模三部分。镶样机需将试样磨面向下,放入下模上,在加热模具中放入适量镶样粉,装上模,固紧顶压螺杆,转动加压手轮至压力指示灯亮,打开加热开关(自动控温)。在加热过程中镶嵌粉逐渐软化,压力降低,指示灯熄灭,继续增加压力至指示灯亮,加热 8～12min 后,反向转动加压手轮后,转开顶压盖,再转动加压手轮上升压模,即可取出镶嵌好的试样(注意防烫)。美国标乐公司、法国普瑞斯公司、丹麦司特尔公司生产的热压镶嵌机可自动加压,有的还可进行快速双重镶嵌,使用方便,节省时间。如图 3.2 是丹麦司特尔公司生产的 CitoPress-20 型热镶样机,其自动配料系统实现了快速、方便的树脂配料。屏幕显示热镶样应用指南、数据库选项,以及适用于多孔试样的敏感选项等。

图 3.1　XQ-1 型金相试样镶样机

图 3.2　CitoPress-20 型热镶样机

2. 冷镶嵌

冷镶嵌是指在室温下使镶嵌料固化,适合处理薄、脆、松散等不适宜受压的材料及组织结构对温度变化敏感或熔点较低的材料。冷镶嵌的优点是可同时浇注多块试样、工作周期短、试样不发生组织转变、无需设备投资、不产生变形(不加压)、可采用真空镶嵌技术填充孔隙。将试样置于模子中,注入冷镶嵌料,冷凝后脱模。镶嵌介质应当与试样能良好地附着并不产生固化收缩,否则会产生裂纹或缝隙。镶嵌模式有标准圆形和各种各样的型腔形状。

冷镶嵌料通常为双组分体系,最常见者为两种液体,也可以是一种液体一种粉末,分别为树脂和固化剂。常用的冷镶嵌料有环氧树脂和固化剂,树脂和固化剂在镶嵌前必须仔细计量,并充分混匀。固化剂主要是胺类化合物。通常的固化剂占总量10%左右。冷镶嵌时不需专用设备、不加压、可同时浇注多块试样,但一般都带有异味,最好在通风橱内操作。有些树脂常与其接触对皮肤有害。

树脂可分为环氧树脂、聚酯树脂、丙烯酸树脂几种类型。环氧树脂镶样收缩率低,固化时间长,边缘保护好,流动性好,可将所有穴腔、裂缝或气孔等统统填满,常用于真空浸渍,适用于多孔材料的镶嵌;聚酯树脂镶样呈黄色透明状,固化时间较长,适用于大批量无孔隙的试样;丙烯酸树脂镶样为乳白色,固化时间短,适用于大批量试样镶样,对于有裂纹或孔隙的试样有较好的渗透性,特别适用于印刷电路板封装,而且丙烯酸类在X射线衍射中不会产生可干扰试样信号的寄生信号,此物用起来简单、安全、拆卸也方便,只需将镶样侵入热甘油中,数分钟后从甘油中取出,用虎钳挤压镶样,试样即可从中跳出。

镶嵌多孔、易脆、易散等试样时,环氧树脂真空浸渗特别适用,浸渗后的试样还可在精磨后进行二次浸渗。真空浸渗将气孔、缝隙和裂纹中的空气排出,让环氧树脂渗入,因此,可达到完全粘合,减少易脆易散试样破损的机会,反之,如粘接不足,则在磨削和抛光时将造成部分样品破裂。填满气孔可保留其组织结构。未浸渗过的多孔试样经抛光实验表明,不仅气孔尺寸扩大,而且孔沿也被修圆,有的甚至塌陷。问题的严重程度随抛光工艺而异。明孔或明裂纹中可藏入抛光剂、溶剂或侵蚀剂,从而造成沾污。

真空浸渍常用于粉末冶金试样、煤或焦炭、陶瓷和矿产品,再就是腐蚀或失效分析。所需设备简单,可以用一台简单的机械真空泵搭建,也可以买专门的仪器设备,如美国标乐公司、法国普瑞斯公司、丹麦司特尔公司的真空冷镶嵌机。如图3.3所示为美国标乐公司生产的Cast N'Vac1000型真空渗透仪。适用于各种环氧树脂和聚酯浇注料的镶嵌(冷)化合物。真空泵可迅速排除任何多孔试样中夹带的空气,并通过简单的O形圈密封,在整个浸渗过程中都保持真空。浇注机械装置使预混的镶嵌化合物可置于腔体中,利用真空腔体内的旋转台,可一次性浇注到多个模具中,实现多个试样在同一时间内进行真空浸渗。

图3.3　Cast N'Vac1000型
真空渗透仪

3. 倾斜镶嵌

对于薄层组织,如镀层、渗层、变形层等,由于太薄,观察和测量都有一定困难,可以采用锥形截面来增加观察厚度。锥形截面可利用倾斜镶嵌法获得,图3.4为倾斜镶嵌示意图,被观察者借助于支持物倾斜放入到镶嵌料中,倾角为 α,若薄层真实厚度为 d,倾斜镶嵌时的表观厚度为 l,则 $l=d/\sin\alpha$。例如,当 $\alpha=5°$时,$l=10d$。这种锥形截面对薄层组织的研究是非常有用的。

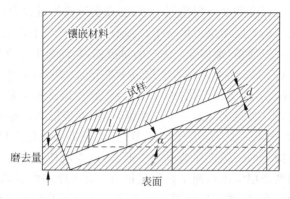

图 3.4　倾斜镶嵌示意图

对于需要研究表层组织的试样,还可以使用机械夹具,适用外形比较规则的圆柱体,薄板等,把样品夹持在夹具中,以保持试样边缘的平整。或者在试样表面镀上一层硬度与试样表层相近的镀层,在磨制抛光时,也可以保护试样边缘。这种方法对于不规则试样而言很方便。镀层可以是镀铜、镀铬、镀镍等,特殊情况下也可以采用多层复合镀层。

还可以在镶嵌料中加入铜粉(导电镶料),镶嵌好的试样能直接进行电解抛光或在扫描电镜下观察。

3.2.3　磨光

萨莫尔斯提出,凡是使用固定磨粒(如砂轮机、砂纸)的过程称为磨光,凡是使用松散磨粒的过程称为机械抛光。磨光分为粗磨和细磨。

1. 粗磨

粗磨是试样制备的第一道工序,截取后的试样表面比较粗糙,并且由于机械力的作用,试样表层存在较深的变形层。此外,通过夹具夹持的试样,都需要砂轮机进行打磨平整,得到一个平整的表面,也需要进行粗磨。

硬金属试样通常在磨床和砂轮机上进行粗磨,在磨制过程中,手持试样前后用力均匀,接触压力不可过大,以保证磨面质量和操作安全。为防止产生大量磨削热并减少磨面的变形层,要求磨具锐利,每次磨削量要小,同时还要用冷却液充分冷却。

软材料,如铝、铜等,要用锉刀锉平或在铣床、车床上修正,不能在砂轮机上平整,软金属容易填塞砂轮孔隙,造成磨削刀具钝化,使表面变形层加厚。

不作表面层金相检验的试样表面必须倒角,以免在以后的工序中划伤砂纸和抛光织物,甚至划伤手指。

粗磨完毕后,需将手和试样清洗干净,防止粗大磨粒带入下道工序,造成较深的磨痕。

2. 细磨

试样粗磨后的磨痕较深较粗,变形层较深,需要经过不同粒度的砂纸细磨,得到磨痕较细、变形层较浅的磨制表面,使随后的抛光工序得以顺利进行。也就是使试样表面的变形损伤逐渐减少到理论上为零,即达到无损伤,为抛光做好准备。磨光是将在某种基底(如砂纸的纸基)上的磨料颗粒以高应力划过试样表面,以产生磨屑的形式去除材料,在试样表面留下磨痕并形成具有一定深度的变形损伤层。因此,在实际操作过程中,只要使变形损伤减少到不会影响观察到试样的真实组织就可以了。细磨通常在砂纸上进行。砂纸上的每颗磨粒可以看成是一个具有一定迎角(即倾角＋90°)的单点刨刀,迎角大于临界值的磨粒才能切除金属,小于临界值的只能压出磨痕。前者磨粒占小部分,约20%,后者磨粒使金属表层产生的流变要大得多,试样表层的组织变化(即变形层)主要是由这种磨粒造成的。变形层与基体材料的唯一不同之处就是受了一定的塑性变形,最靠近表层部分相当于冷轧量大于90%的塑性变形。因此,磨光除了要使表层光滑平整之外,更重要的是应尽可能减少表层损伤。每一道磨光工序必须除去前一道工序造成的变形层(至少应使前一道工序产生的变形层减少到本道工序产生的变形层深度),而不是仅仅把前一道工序的磨痕除去,同时,该道工序本身应做到尽可能减少损伤,以便于进行下一道工序。最后一道磨光工序产生的变形层深度应非常浅,保证能在下一道抛光工序中除去。图 3.5 为试样经过粗磨和细磨后,表面变形层厚度变化示意图。越往里,变形量越小,最终为未受损伤的组织。

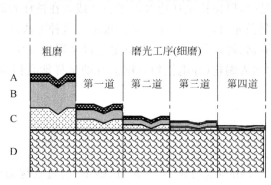

图 3.5　试样变形层厚度变化的示意图

普通的金相砂纸常用的有碳化硅砂纸,适用于金相试样的磨光。其优点是:磨光速率较高,变形层浅,可以用水作润滑剂进行手工湿磨和机械湿磨。碳化硅砂纸的粒度大到一定尺寸(280♯～150♯)后,磨光速率相差不多,但变形层深度却随着磨粒尺寸的增大而增加,因此,开始磨光时所用的砂纸,不一定越粗越好,应分析后合理使用。对于较软金属,应用更细的金相砂纸磨光后再抛光。通常使用粒度由粗到细的砂纸按顺序依次磨光,每道工序的磨痕应与上一道工序的磨痕方向垂直,这样,可以使试样磨面保持平整并平行于原来的磨面。如图 3.6 所示。

新砂纸产生的变形层太深,但经过磨 50～100 下以后就基本稳定不变,磨光速率则随着使用次数的增加而下降。因此,新砂纸稍加使用后即处于最佳使用状态,当用得太旧时,就不宜使用。磨光时施加的压力越大,磨光速率也越大,但对变形层的深度却影响不大,所以在磨光时可以适当加大压力。只要砂纸处于最大磨光速率的情况下,每道工序可以在0.5～1.0min 内完成。

每换一道砂纸之前,必须先用水洗去样品和手上的砂粒,然后将试样旋转 90°在次级砂纸上磨制,直到旧磨痕全部消失,在整个磨面上得到方向一致均匀的新磨痕,使用时流动的

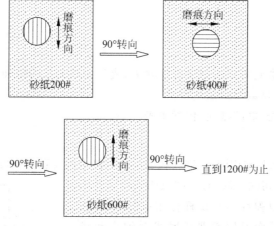

图 3.6　磨痕变化示意图

水不停地从砂纸表面流过,及时地把绝大部分磨屑和脱落的磨粒冲走。这样在整个磨光操作过程中,磨粒的尖锐棱角始终与试样的表面接触,保持其良好的磨削作用。湿磨法的另一优点是,水的冷却作用可以减少磨光时在试样表面产生的摩擦热,避免显微组织发生变化。湿磨法还可以显著改善实验室的清洁卫生条件。湿磨设备结构简单,整个磨细工序可以在同一设备上完成。

　　图 3.7 为转盘式自动磨样机,使用时用水作润滑剂和冷却剂。将碳化硅砂纸置于边缘略有突起并放了一些水的电动转盘上,随着转盘转动,砂纸下面的水被甩出,砂纸被吸附在转盘上,即可进行机械湿磨。配有微型计算机的自动磨光机,可以对磨光过程进行程序控制,整个磨光过程在数分钟内即可完成。

图 3.7　转盘式自动磨样机

　　所有金属在磨光过程中都会产生变形层,如果不将变形层去除,经过腐蚀后就会产生假像,对真实显微组织显示有很大影响,只是变形层深度不同,表现形式不同而已。当奥氏体钢和铁素体钢的变形层未去掉时,晶粒内会出现黑色滑移带。在珠光体钢中,变形层则使珠光体片层破碎和扭曲。如图 3.8 所示,图 3.8(a)为 180♯砂纸短时间磨光和抛光后观察到的扭曲珠光体,图 3.8(b)为真实珠光体。

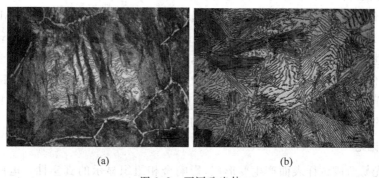

(a)　　　　　　　　　　　　(b)

图 3.8　不同珠光体

(a) 扭曲珠光体;(b) 真实珠光体

3.2.4　抛光

抛光的目的是把磨光留下的细微磨痕除去,成为光亮无痕的镜面,并去除磨光工序留下的变形层,从而不影响显微组织的观察。

抛光分为机械抛光、电解抛光、化学抛光等。

1. 机械抛光

抛光与磨光的机制基本相同,即嵌在抛光织物纤维上的每颗磨粒可以看成是一把刨刀,根据它的取向,有的可以切除金属,有的则只能使表面产生划痕。由于磨粒只能以弹性力与试样作用(图 3.9),它所产生的切屑、划痕及变形层都要比磨光时细小和浅得多。

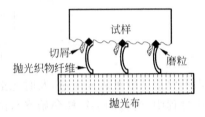

图 3.9　抛光时磨粒在试样表面产生切屑的示意图

抛光操作的关键是要设法得到最大的抛光速率,以便尽快除去磨光时产生的损伤层,同时要使抛光产生的变形层不影响最终观察到的组织,即不会产生假像。这两个要求是相互矛盾的,前者要求使用较粗的磨料,但会使抛光变形层较深;后者要求使用最细的磨料,但抛光速率较低。解决这个矛盾的最好办法是把抛光分为两个阶段来进行。首先是粗抛,目的是除去磨光的变形层,这一阶段应具有最大的抛光速率,粗抛本身形成的变形层是次要的,不过也应尽可能小。其次是精抛(又称终抛),其目的是除去粗抛产生的变形层,使抛光损伤减到最小。

粗抛过去常用的磨料是粒度为 $10\sim20\mu m$ 的 $\alpha\text{-}Al_2O_3$、Cr_2O_3 或 Fe_2O_3,加水配成悬浮液使用。目前,人造金刚石磨料已逐渐取代了 $\alpha\text{-}Al_2O_3$ 等磨料,其优点是:①与 $\alpha\text{-}Al_2O_3$ 等相比,金刚石磨料粒度小,抛光速率大,例如 $4\sim8\mu m$ 金刚石磨粒的抛光速率与 $10\sim20\mu m$ $\alpha\text{-}Al_2O_3$ 或 SiC 的抛光速率相近;②表面变形层较浅;③抛光质量好。

通常,使用金刚石膏状磨料的抛光速率远比悬浮液大。金刚石磨料的价格虽高,但抛光速率大,切削能力保持的时间也长,因此它的消耗量少,只要注意节约使用,并合理选择抛光机的转速(采用机械抛光时应为 $250\sim300r/min$,自动抛光时应为 $150r/min$),就可以充分发挥其优越性。用金刚石研磨膏进行粗抛时,一般先使用粒度为 $3.5\mu m$ 的磨料,然后再使用粒度为 $1\mu m$ 的磨料,对于较软的材料使用粒度为 $0.5\mu m$ 的磨料可获得最佳效果。对于精抛,还要求操作者有较高的技巧。常用的精抛磨料为 MgO 及 $\gamma\text{-}Al_2O_3$,其中 MgO 的抛光效果最好,但抛光效率低,且不易掌握;$\gamma\text{-}Al_2O_3$ 的抛光速率高,且易于掌握。

一些先进的抛光机上配置了微型计算机,可使抛光过程自动化,按照规定参数(如转速、压力、润滑剂的选择、磨粒喷洒频率等)控制抛光机工作。对于某种材料的金相试样,只要建立了最佳制样参数,制样效果的重现性很好,工作效率大大提高。不过这种制样设备并不能完全取代人的工作,它只能按照人们预制定的程序进行工作。

2. 电解抛光

机械抛光易造成试样表面产生变形层,影响金相组织显示的真实性。电解抛光可以避免上述问题,因为电解抛光是电化学的溶解过程,没有机械力的作用,所以不引起金属的表面变形。对于硬度低的单相合金以及一般机械抛光难于做到的铝合金、镁合金、铜合金、钛合金、不锈钢等宜采用此法。此外，电解抛光对试样磨光程度要求低（一般用 800♯ 水砂纸磨平即可），速度快，效率高。

但是电解抛光对于材料化学成分的不均匀性、显微偏析特别敏感，非金属夹杂物处会被剧烈地腐蚀，因此电解抛光不适用于偏析严重的金属材料及作夹杂物检验的金相试样。

电解抛光的装置如图 3.10（a）所示。试样接阳极，不锈钢板作阴极，放入电解液中，接通电源后，阳极发生溶解，金属离子进入溶液中。电解抛光的原理现在一般都用薄膜假说的理论来解释，如图 3.10（b）所示。

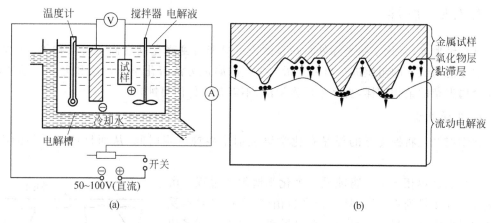

图 3.10　电解抛光装置及原理

（a）电解抛光装置；（b）电解抛光原理

电解抛光时，在原来高低不平的试样表面上形成一层具有较高电阻的薄膜，试样凸起部分的膜比凹下部分薄，膜越薄电阻越小，电流密度越大，金属溶解速度越快，从而使凸起部分渐趋平坦，最后形成光滑平整的表面。抛光操作时需选择合适的电压，控制好电流密度，过低和过高的电压都不能达到正常抛光的目的。

电解抛光有专用的自动电解抛光仪，图 3.11 为仪器的构造示意图。电解抛光所用的电解液可在有关手册中查到。

3. 化学抛光

化学抛光是靠化学溶解作用得到光滑的抛光表面。这种方法操作简单，成本低廉，不需要特别的仪器设备，对原来试样表面的光洁度要求不高。化学抛光的原理与电解抛光类似，是化学药剂对

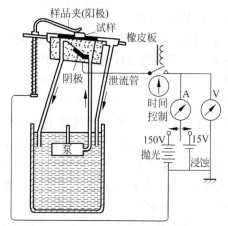

图 3.11　自动电解抛光仪

试样表面不均匀溶解的结果。在溶解的过程中表层也产生一层氧化膜，但化学抛光对试样原来凸起部分的溶解速度比电解抛光慢，因此经化学抛光后的磨面较光滑但不十分平整，有波浪起伏。这种起伏一般在物镜的垂直鉴别能力之内，适于用显微镜作低倍和中倍观察。

化学抛光是将试样浸在化学抛光液中,进行适当的搅动或用棉花经常擦拭,经过一定时间后,就可以得到光亮的表面。化学抛光兼有化学腐蚀的作用,能显示金相组织,抛光后可直接在显微镜下观察。

化学抛光液的成分随抛光材料的不同而不同。一般为混合酸溶液,常用的酸类有:正磷酸、铬酸、硫酸、醋酸、硝酸及氢酸;为了增加金属表面的活性以利于化学抛光的进行,还加入一定量的过氧化氢。化学抛光液经使用后,溶液内金属离子增多,抛光作用减弱,需经常更换新溶液。

3.2.5 腐蚀

试样经抛光后(化学抛光除外),在显微镜下只能看到光亮的磨面及夹杂物等。必须经过腐蚀才能对试样的组织进行显微分析。常用的腐蚀方法有化学腐蚀法和电解腐蚀法(观察非金属夹杂的金相试样,直接采用光学法,不需要作任何腐蚀)。

1. 化学腐蚀

化学腐蚀是将抛光好的样品在化学腐蚀剂中腐蚀一定时间,从而显示出样品的组织形貌。

纯金属及单相合金的腐蚀是一个化学溶解的过程。由于晶界上原子排列不规则,具有较高自由能,所以晶界易受腐蚀而呈凹沟,使组织显示出来,在显微镜下可以看到多边形的晶粒。若腐蚀较深,则由于各晶粒位向不同,不同的晶面溶解速率不同,腐蚀后的显微平面与原磨面的角度不同,在垂直光线照射下,反射进入物镜的光线不同,可看到明暗不同的晶粒,如图 3.12 所示。

两相合金的腐蚀主要是一个电化学腐蚀过程。两个组成相具有不同的电极电位,在腐蚀剂中,形成极多微小的局部电池。具有较高负电位的一相成为阳极,被溶入电解液中而逐渐凹下去;具有较高正电位的另一相为阴极,保持原来的平面高度。因此在显微镜下可清楚地观察到合金的两相。图 3.13 为珠光体组织两相腐蚀后的情况。多相合金的腐蚀,主要也是一个电化学的溶解过程。在腐蚀过程中腐蚀剂对各个相有不同程度的溶解。必须选用合适的腐蚀剂,如果一种腐蚀剂不能将全部组织显示出来,就应采取两种或更多的腐蚀剂依次腐蚀,使之逐渐显示出各相组织,这种方法也叫选择腐蚀法。另一种方法是薄膜染色法。此法是利用腐蚀剂与磨面上各相发生化学反应,形成一层厚薄不均的膜(或反应沉淀物),在白光的照射下,由于光的干涉使各相呈现不同的色彩,从而达到辨认各相的目的。

化学腐蚀的方法是显示金相组织最常用的方法。其操作方法是:将已抛光好的试样用

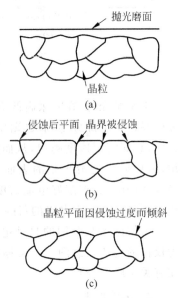

图 3.12 纯金属及单相合金化学腐蚀情况示意图

(a) 抛光表面;(b) 适度腐蚀表面;(c) 腐蚀较深表面

图 3.13　珠光体两相合金的腐蚀

水冲洗干净或用酒精擦掉表面残留的脏物,然后将试样磨面浸入腐蚀剂中或用竹夹子夹住棉花球蘸取腐蚀剂在试样磨面上擦拭,抛光的磨面即逐渐失去光泽;待试样腐蚀合适后马上用水冲洗干净,用滤纸吸干或用吹风机吹干试样磨面,然后放在显微镜下观察。试样腐蚀的深浅程度要根据样品材料、组织和显微分析的目的来确定,同时还与观察者所需要的显微镜的放大率有关;高倍观察时腐蚀稍浅一些,而低倍观察则应腐蚀较深一些。

2. 电解腐蚀

电解腐蚀所用的设备与电解抛光相同,只是工作电压和电流比电解抛光小。在试样磨面上一般不形成一层薄膜,由于各相之间和晶粒与晶界之间电位不同,在微弱电流的作用下各相腐蚀程度不同,因而显示出组织。此法适于抗腐蚀性能强、用化学腐蚀法难腐蚀的材料。

试样制备好后若需要长期保存,则需在腐蚀过的试样观察面上涂上一层极薄的保护膜,常用的有火棉胶或指甲油等。

3.3　实验部分

3.3.1　实验目的

(1) 掌握金相样品的制备过程。
(2) 掌握显微组织的显示方法。
(3) 观察和分析显微组织,从晶粒形状、方向、大小、分布来判断材料的性质。

3.3.2　实验内容

(1) 自选一块碳钢试样(碳含量未知),制备金相样品。
(2) 在金相显微镜下观察腐蚀好的样品,分析组织,判断碳含量,并采集图片。
(3) 观察金相显微试样制备过程中所出现的假像,掌握消除假像的方法。

3.3.3　实验报告要求

（1）分析未知碳钢样品的组织,结合铁碳相图,进行碳含量估测。
（2）根据组织特征,判断样品的热处理工艺状态。

3.3.4　思考题

（1）显微试样的制备主要有哪几个步骤?
（2）分析试样制备过程中出现假像的原因,如何制备出高质量的显微试样。
（3）显微试样在什么情况下需要镶样? 常用的镶样方法有哪几种? 各有什么特点?
（4）常用的砂纸有几种? 都有什么特点? 如何选用?
（5）显微试样的显示有几种? 各是什么原理? 怎样判断试样腐蚀的深浅程度?
（6）需观察脱碳层、夹杂物的试样制备应注意什么?
（7）制备好的显微试样怎样保护?

3.3.5　拓展实验研究

真相与假像:探讨磨抛工序对显微组织的影响。
研究内容:在金相样品制备中,试样磨制会产生变形层,如果不将变形层去除,经过腐蚀后,就会产生假像,影响真实显微组织的观察。选取碳钢、铜等不同研究材料,分别经粗磨磨光、细磨磨光、机械抛光、振动抛光、化学抛光制备样品后,经金相显微镜、扫描电镜观察样品显微组织,辨认变形层造成的假像,并合理制定磨光工序,减小变形层,得到真相。

参考文献

[1]　孙业英.光学显微分析[M].北京:清华大学出版社,1997.
[2]　姚鸿年.金相研究方法[M].北京:中国工业出版社,1965.
[3]　屠世润,高越,等.金相原理与实践[M].北京:机械工业出版社,1990.
[4]　葛利玲.光学金相显微技术[M].北京:冶金工业出版社,2017.
[5]　沈桂琴.光学金相技术[M].北京:国防工业出版社,1983.

金属材料的硬度测定

4.1 概述

硬度是一项重要的力学性能指标,它反映了材料弹塑性变形特性,并且与其他机械性能(如强度指标 σ_b 及塑性指标 δ 和 ψ)之间有着一定的内在联系,所以从某种意义上说硬度的大小对于机械零件或工具的使用寿命具有决定性意义。

硬度测定是指把一定的形状和尺寸的较硬物体(压头)以一定压力接触材料表面,测定材料在变形过程中所表现的抗力。硬度测量能够给出金属材料软硬的数量概念。由于在金属表面以下不同深处材料所承受的应力和所发生的变形程度不同,因而硬度值可以综合地反映压痕附近局部体积内金属的弹性、微量塑变抗力、塑变强化能力以及大量形变抗力。硬度值越高,表明金属抵抗塑性变形能力越大,材料产生塑性变形就越困难。

通常压入载荷大于 9.81N(1kgf)时测试的硬度叫宏观硬度,用于测量较大的尺寸的试件,能反映材料的宏观性能;压力载荷小于 9.81N(1kgf)时测试的硬度叫微观硬度,用于测试小而薄的试件,能反映微小区域的性能,如显微组织中不同相的硬度,材料表面的硬度等。

硬度实验的方法很多,在机械工业中广泛采用压入法来测定硬度,压入法又可分为布氏硬度、洛氏硬度、维氏硬度等。压入法硬度实验的主要特点如下:

(1) 实验时应力状态最软(最大切应力远远大于最大正应力),因而不论是塑性材料还是脆性材料均能发生塑性变形。

(2) 从一定意义上用硬度实验结果表征其他有关的力学性能。

金属的硬度与强度之间存在如下近似关系:

$$\sigma_b = K \cdot HB \tag{4.1}$$

式中,σ_b 为材料的抗拉强度;HB 为布氏硬度;K 为常数,退火状态的碳钢 $K=0.34\sim0.36$,合金调质钢 $K=0.33\sim0.35$,有色金属合金 $K=0.33\sim0.53$。

（3）硬度值对材料的耐磨性、疲劳强度等性能也有参考价值，通常硬度值高，这些性能也就好。

（4）硬度测定时仅在金属表面局部体积内产生很小的压痕，并不损坏零件，因而适合于成品检验。

（5）设备简单，操作迅速方便。

硬度计的种类很多，这里重点介绍最常用的洛氏、布氏、维氏和显微硬度测试法。

4.2 洛氏硬度及其测试方法

4.2.1 洛氏硬度测试原理

洛氏硬度测量法是最常用的硬度实验方法之一。它是用压头（金刚石圆锥或淬火钢球）在载荷（包括预载荷和主载荷）作用下，压入材料的塑性变形深度来表示的。通常压入材料的深度越大，材料越软；压入的深度越小，材料越硬。

图 4.1 示出了洛氏硬度的测量原理。

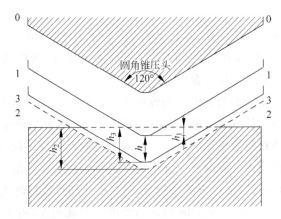

图 4.1 洛氏硬度测试原理

0—未加载荷，压头未接触试件；1—压头在预载荷 P_0（98.1N）作用下压入试件深度为 h_1 时的位置，h_1 包括预载所引起的弹性变形和塑性变形；2—加主载荷 P_1 后，压头在总载荷 $P=P_0+P_1$ 的作用下压入试件的位置（h_2）；3—去除主载荷 P_1 后但仍保留预载荷 P_0 时压头的位置，压头压入试样的深度为 h_3。由于 P_1 所产生的弹性变形被消除，所以压头位置提高了，此时压头受主载荷作用实际压入的深度为 $h=h_3-h_1$。实际代表主载荷 P_1 造成的塑性变形深度。

h 值越大，说明试件越软；h 值越小，说明试件越硬。为了适应人们习惯上数值越大硬度越高的概念，人为规定，用一常数 K 减去压痕深度 h 的数值来表示硬度的高低。并规定 0.002mm 为一个洛氏硬度单位，用符号 HR 表示，则洛氏硬度值为

$$HR = \frac{K-h}{0.002} \qquad (4.2)$$

此值为无量纲数。测量时可直接在表盘上读出。表盘上有红、黑两种刻度，红色的 30 和黑色的 0 重合。

使用金刚石圆锥压头时,常数 K 为 0.2mm,硬度值由黑色表盘表示,此时:

$$HR = \frac{0.2 - h}{0.002} = 100 - \frac{h}{0.002} \qquad (4.3a)$$

使用钢球($\phi = 1.588$mm)压头时,常数 K 为 0.26mm,硬度值由红色表盘表示,此时

$$HR = \frac{0.26 - h}{0.002} = 130 - \frac{h}{0.002} \qquad (4.3b)$$

洛氏硬度计的压头共有 5 种,其中最常用的有两种:一种是顶角为 120°的金刚石圆锥压头,用来测试高硬度的材料;另一种是直径为 1.588mm(1/16in)的淬火钢球,用来测软材料的硬度。对于特别软的材料,有时还使用直径为 3.175mm(1/8in)、6.35mm(1/4in)或 12.7mm(1/2in)的钢球。为了测定软硬不同的金属材料的硬度,在硬度计上可配用不同压头与载荷,组合成不同标度的洛氏硬度。每一种标度用一个字母在 HR 后注明。我国常用的标度有 A、B、C 三种,其硬度值的符号分别为 HRA、HRB、HRC。洛氏硬度共有 15 种标度供选择:HRA、HRB、HRC、HRD、HRE、HRF、HRG、HRH、HRK、HRL、HRM、HRP、HRR、HRS、HRV。其中常用的几种标度列表于 4.1。

表 4.1 洛氏硬度标度实验条件及应用

标度	压头类型	总荷载 /N(kg)	表盘上刻度颜色	常用硬度范围	应用举例
HRA	金刚石圆锥体	588.6(60)	黑色	70~85	碳化物、硬质合金、表面淬火钢、高硬度薄件等
HRB	ϕ1.588mm 钢球	981(100)	红色	25~100	软钢、退火钢、铜合金、铝合金、可锻铸铁等
HRC	金刚石圆锥体	1471.5(150)	黑色	20~67	淬火钢、调质钢、回火钢、钛合金等
HRD	金刚石圆锥体	981(100)	黑色	40~77	薄钢板、中等厚度的表面硬化工件
HRE	ϕ3.175mm 钢球	981(100)	红色	70~100	铸铁、铝、镁合金、轴承合金
HRF	ϕ1.588mm 钢球	588.6(60)	红色	40~100	薄板软钢、退火铜合金
HRG	ϕ1.588mm 钢球	1471.5(150)	红色	31~94	磷青铜、铍青铜
HRH	ϕ3.175mm 钢球	588.6(60)	红色	80~100	铝、锌、铅
HRK	ϕ3.175mm 钢球	1372(140)	红色	40~100	轴承合金、较软金属、薄材

洛氏硬度计及淬火钢球和压头如图 4.2 所示。

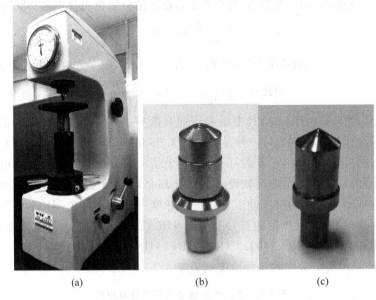

(a)　　　　　　　　　　(b)　　　　　　　　　　(c)

图 4.2　洛氏硬度计及压头

(a) 洛氏硬度计；(b) 淬火钢球压头；(c) 金刚石圆锥压头

4.2.2　洛氏硬度的测试

(1) 根据材料性质选择合适的载荷及压头。

(2) 将试件表面磨平并清洁干净,然后放到硬度计的砧座适当的位置上。

(3) 转动手轮使砧座上升,使试件接触压头,然后继续缓慢旋转手轮,直至刻度盘上的小指针指到红点中心,而大指针指向 C0(B30)±5°内,此时已施加 10kg 预载荷。

(4) 转动刻度盘使大指针归零。

(5) 放下主载荷把手,在油压缓冲器的作用下主载荷将压头缓慢压入试件表面。

(6) 计算加压时间,一般较硬材料维持 10～15s,较软材料维持 30s。

(7) 拉回主载荷把手,去除主载荷。

(8) 读取刻度盘上指针指示数值并记录。

(9) 转动手轮使砧座下降,变换测试位置。最后求取平均值。

4.3　布氏硬度及其测试方法

4.3.1　布氏硬度测试原理

施加一定大小的载荷 P,将直径为 D 的钢球压入被测金属表面(图 4.3)保持一定时间,然后卸除载荷,测量钢球在试样表面压出的压痕直径 d,计算出载荷 P 与压痕面积的比值(平均应力值),这个比值所表示的硬度就称为布氏硬度,并用符号 HB 表示。

布氏硬度的测量原理如图 4.3 所示。设压痕的深度为 h,则压痕的球冠面积为

$$\begin{cases} F = \pi Dh = \dfrac{\pi D}{2}(D - \sqrt{D^2 - d^2}) \\ \\ HB = \dfrac{P}{F} = \dfrac{2P}{\pi D(D - \sqrt{D^2 - d^2})} \end{cases} \qquad (4.4)$$

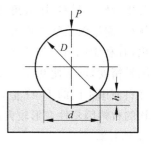

图 4.3　布氏硬度测试原理

式中，P 为测试用的载荷，kg；D 为压头钢球的直径，mm；d 为压痕直径，mm；F 为压痕面积，mm^2。一般情况下，只需测量出压痕直径 d，就可以根据已知 D 和 F 值计算出 HB 值。在实际测量时，可由压痕直径 d 直接查表得到 HB 值。

布氏硬度的单位为 kg/mm^2，这是目前各国文献中常用的单位，通常只给出数值而不写单位，如 HB200。若要换算成国际单位 MPa，需要将硬度值乘以 9.81。

由于金属材料有硬有软，工件有厚有薄，若只采用同一种载荷和同一个钢球直径时，则只对某些试样合适。有时可能会发生整个钢球陷入金属中或被压透。所以在测定不同材料时，布氏硬度值要求有不同载荷 P 和不同直径 D 的钢球。为了得到可以进行相互比较的数值，必须使 D 和 P 之间维持某一比值关系，以保证所得到的压痕形状的几何相似关系。这样就使不同直径的压头和不同载荷下，同一种材料的布氏硬度值相同。

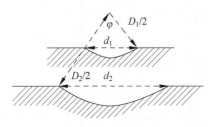

图 4.4　不同直径的钢球压头产生在几何上相似的压痕

相似原理是指在均质材料中，只要压入角 φ（即从压头圆心压痕两端的连线之间的夹角）不变，则不论压痕大小，金属的平均抗力相等。如图 4.4 所示。德国的迈耶尔（Mayer）通过实验得出重要经验关系。当 $d/D > 0.1$ 时，压痕直径 d 与载荷的关系为

$$P = ad^n \qquad (4.5)$$

式(4.5)称为迈耶尔定律，其中的 a 和 n 均为常数。他还得出如下的结论：当使用的压头直径不同时，指数 n 几乎与 D 无关，而常数 a 则随 D 值的增大而减小，且

$$A = a_1 D_1^{n-2} = a_2 D_2^{n-2} = \cdots = aD^{n-2} \qquad (4.6)$$

对每种材料，A 为常数，并与 D 无关。代入式(4.5)得到：

$$P = \frac{A}{D^{n-2}}d^n \qquad (4.7)$$

$$\frac{P}{D^2} = A\left(\frac{d}{D}\right)^n = A \sin^n \frac{\varphi}{2} \qquad (4.8)$$

由式(4.8)可知，在进行布氏硬度测试时，只要使 P/D^2 为一常数，就可以使压入角 φ 保持不变，从而保持了几何形状相似的压痕。

所以，在布氏硬度测量中只要满足 P/D^2 为常数，则同一材料测得的布氏硬度值是相同的。不同材料测得的布氏硬度值也可以进行比较。布氏硬度的压头钢球直径有 $\phi 2.5mm$、$\phi 5mm$、$\phi 10mm$ 三种，载荷有 15.6kg、62.5kg、182.5kg、250kg、750kg、1000kg 和 3000kg 等 7 种。

P/D^2 的数值不是随便规定的。各种材料软硬相差很大。如果只规定一个 P/D^2 的值，

对于较硬的材料,压入角会太小;对于较软的材料,压入角又会很大。若压入角太小,压痕就小,测量误差就会很大。当压入角较大但小于 90°时,压痕直径随压入深度增加有较大变化,有利于测量。但当压入角大于 90°时,随着压入深度的增加,压痕变化较小。为了提高测量精度,通常使 $0.25 < d/D < 0.5$,与此对应的压入角 $29° < \varphi < 60°$,这样就需不同的材料使用不同的 P/D^2 值。国家标准规定 P/D^2 的比值为 30、10、2.5 三种。在测量中对较软的材料因塑性变形较大,施加载荷应小一些。具体布氏硬度实验规范和适用范围可以参考表 4.2。

表 4.2　布氏硬度实验规范

材料	硬度范围（HB）	试件厚度/mm	P/D^2	钢球直径 D/mm	荷载 P/kg	载荷保持时间/s
黑色金属	140～150	6～3	30	10	3000	10
		4～3		5.0	750	
		< 2		2.5	187.5	
	< 140	> 6	10	10	1000	10
		6～3		5.0	250	
		< 3		2.5	62.5	
有色金属	> 130	6～3	30	10	3000	30
		4～3		5.0	750	
		< 2		2.5	187.5	
	36～130	9～3	10	10	1000	30
		6～3		5.0	250	
		< 3		2.5	62.5	
	8～35	> 6	2.5	10	250	30
		6～3		5.0	62.5	
		< 3		2.5	15.6	

4.3.2　布氏硬度的测试

（1）根据试样材料选择合适的压头和载荷。

（2）加预载荷。

（3）加主载荷并保持一定的时间。

（4）卸载荷。

（5）将试样取下,用带刻度的低倍放大镜测压痕直径 d。

（6）查"压痕直径与布氏硬度对照表",得到布氏硬度值。

布氏硬度的表示方法:若用 $\phi10mm$ 钢球,在 3000kg 载荷下保持 10s,测得的布氏硬度值表示为字母 HB 加上所测得的硬度值,例如 HB400。在其他实验条件下,在 HB 后面要注明钢球直径、载荷大小及保载时间,例如,HB2.5/187.5/10＝200 表示用 $\phi2.5mm$ 的钢球在 187.5kg 载荷下保持 10s 得的布氏硬度为 200。

布氏硬度测试中还应注意以下几个问题:①实验压痕直径的范围应为 $0.25D < d <$

$0.6D$,否则测量结果无效；②由于压痕周围存在变形硬化现象(可达 2～3 倍的压痕直径),所以要求相邻两个硬度点的距离不小于 $4d$,软材料不小于 $6d$,试件厚度不小于压痕深度的 10 倍,压痕离试件边缘的距离应不小于压痕直径。

4.3.3　布氏硬度的特点

1. 优点

(1)因压痕面积较大,能反映较大范围内金属各组成相综合影响的平均性能,而不受个别组成相及微小不均匀度的影响。因此特别适用于测定灰铸铁、轴承合金和具有粗大晶粒的金属材料。

(2)实验数据稳定,数据重复性强,此外,布氏硬度值和抗拉强度 σ_b 间存在一定换算关系,如表 4.3 所示。

表 4.3　布氏硬度与抗拉强度的关系

材　　料	硬度值	HB 与 σ_b 的近似换算关系
钢	$125\sim175$	$\sigma_b\approx0.343HB\times10MN/m^2$
	>175	$\sigma_b\approx0.362HB\times10MN/m^2$
铸铝合金	—	$\sigma_b\approx0.26HB\times10MN/m^2$
退火黄铜、青铜	—	$\sigma_b\approx0.55HB\times10MN/m^2$
冷加工后黄铜、青铜	—	$\sigma_b\approx0.40HB\times10MN/m^2$

2. 缺点

(1)压头为淬火钢球。由于钢球本身的变形问题,不能实验太硬的材料;一般在 HB450 以上就不能使用。

(2)由于压痕较大,成品检验有困难。

(3)不能在硬度计上直接读数,实验过程比测试洛氏硬度复杂。需用带刻度的低倍放大镜测出压痕直径,然后通过查表得到布氏硬度值。

4.4　维氏硬度及其测试方法

洛氏硬度法为了测定由软到硬的不同材料的硬度,采用了不同的压头和总载荷,有很多种标度,彼此间没有什么联系,也不能换算;布氏硬度法只能用来测定硬度值小于 HB450 的材料。为了从软到硬的不同材料有一个连续一致的硬度标度,研究人员制定了维氏硬度实验法。

4.4.1　维氏硬度测量原理

维氏硬度的测量原理基本和布氏硬度相同,不同的是维氏硬度采用了金刚石正四棱锥压头。正四棱锥两对面的夹角为 $136°$,底面为正方形,如图 4.5 所示。维氏硬度所用的载荷有 1kg、3kg、5kg、10kg、20kg、30kg、50kg、100kg、120kg 等,负载的选择主要取决于试件的厚度。

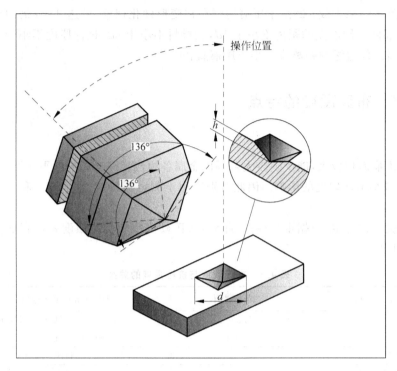

图 4.5　维氏金刚石棱锥压头

在载荷 P 的作用下压头在试样表面压出一个底面为正方形的正四棱锥压痕。用显微镜测定压痕对角线长度 d,维氏硬度值 HV 等于所用载荷与压痕面积的比值。压痕面积 F 为

$$F = d^2/2\sin 68° \tag{4.9a}$$

则

$$\mathrm{HV} = \frac{P}{F} = P \times 2\sin 68°/d^2 = 1.8544\frac{P}{d^2} \tag{4.9b}$$

式中,P 为载荷;d 为压痕直径;F 为压痕面积。

由式(4.9b)可知,当载荷 P 已知时,只要测得压痕对角线长度 d,就可以求出维氏硬度值。通常是在测量 d 值后从压痕对角线与维氏硬度对照表中查出相应的硬度值。

φ 角选择 136° 是为了使维氏硬度得到一个成比例的并在较低硬度时与布氏硬度基本一致的硬度值。在布氏测试法中规定 $0.25 < d/D < 0.5$,最理想的 d/D 值是 0.375,$\sin(\varphi/2) = 0.375$,$\varphi = 44°$,与此相对应的金刚石正四棱锥的两对面间夹角就是 $180° - 44° = 136°$,如图 4.6 所示。所以布氏硬度在大于 HB300 时,与维氏硬度的差别增大,这是由于布氏测试法所用的钢球压头开始变形使压痕直径偏大所造成的。

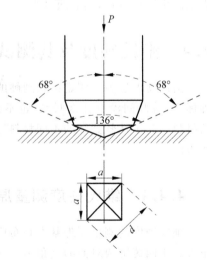

图 4.6　维氏硬度的测试原理

4.4.2　维氏硬度的测试

1. 对试样的要求

要求试样经过抛光,试样硬度至少是压痕深度的 10 倍或者不小于压痕对角线的 1.5 倍,在满足这个条件的情况下尽可能选用较大载荷,可减少测量误差。

2. 压痕对角线的测量

维氏硬度压痕对角线的长度是用附在硬度计上的显微测微器进行测量的。压痕对角线的测量精度可达 10^{-3} mm。应测出两条互相垂直的对角线的线度,取平均值作为压痕对角线的长度 d。规定两条压痕对角线之差与较短对角线之比不大于 2%。若材料各个方向上的硬度不均匀而使比值大于 2%,需要在硬度值后面注明。

3. 测试步骤

(1) 按照试件厚薄、软硬特点选择适当的载荷(见表 4.4)。

(2) 开启电源并设定加压时间(较硬材料 10~15s,较软材料 30s)。

(3) 将表面磨光的试件放置在砧座上。

(4) 将显微镜旋转至试件上方,两眼注视目镜,再慢慢转动手轮使试件上升,至试件表面清晰为止。

(5) 在目镜中寻找所要测试的点。

(6) 旋开显微镜,改换压头在试件上方。

(7) 按下载荷按钮开始加压,此时载荷指示灯熄灭,压头慢慢下降,接触试件后继续加压。

(8) 加载时间一到,压头自动回升到原来位置,指示灯自动点亮。

(9) 旋开压头,改换显微镜在试件正上方。

(10) 量取两条压痕对角线平均值,查表求出维氏硬度值。

(11) 降下砧座取下试样,关闭电源。

表 4.4　材料种类、厚度与相应载荷的选择

材料种类	载荷/kg	厚度/mm
淬火钢、硬质合金	30,50	0.5 以上
碳钢、合金钢	20,30	0.5 以上
铜铝等合金	5,10,20	0.5 以上
薄板软质材料	5	0.1 以上
薄板硬质材料	10	0.1 以上
表面硬化钢	1,5,10	—

4.4.3　维氏硬度的特点

1. 优点

维氏硬度不存在洛氏硬度标度无法统一的问题,也不存在布氏硬度测试时负荷与压头

直径比例关系的约束和压头变形问题。只要满足布氏法中迈耶尔指数关系中 $n=2$ 时, $P=ad^2$, 只要载荷不太小, 硬度值与所用载荷无关, 即不同载荷下的维氏硬度值可以统一进行比较。

维氏硬度值测量精确可靠, 在材料科学研究中被广泛应用。

2. 缺点

维氏硬度测量过程中需要测量对角线的长度, 然后通过计算或查表才能得到硬度值。测量过程繁琐, 工作效率低。在测量过程中, 采用计算机控制测量过程, 采集和处理数据, 可克服上述缺点并大大提高工作效率。

4.5　显微硬度及其测试方法

4.5.1　测量原理

显微硬度的测量原理与维氏硬度一样, 也是用压痕单位面积上所承受的载荷来表示的。只是试样需要抛光腐蚀制备成金相显微试样, 以便测量显微组织中各相的硬度。显微硬度一般用 HM 表示。

显微硬度测试用的压头有两种, 一种是和维氏硬度压头一样的两面之间的夹角为 $136°$ 的金刚石正四棱锥压头, 如图 4.5 所示。这种显微硬度的计算公式为

$$HM = 1854.4P/d^2 \tag{4.10}$$

式中, P 为载荷, g; d 为压痕对角线长度, μm。

显微硬度值与维氏硬度完全一致, 计算公式差别只是测量时用的载荷和压痕对角线的单位不同造成的。

图 4.7 表示了另一种显微硬度压头。这种压头叫努氏(Knoop)金刚石压头。它的压痕长对角线与短对角线的长度之比为 7.11。努氏显微硬度值为

$$HK = P/A = 14229P/L^2 \tag{4.11}$$

式中, P 为载荷, g; L 为压痕对角线长度, μm。

显微硬度如用 kg/mm^2 做为单位时可以将单位省去, 如 HM300 即表示其显微硬度为 $300kg/mm^2$。

4.5.2　显微硬度的测试步骤

(1) 安装物镜、螺旋测微目镜及压头; 检查并调整压痕中心与视场中心重合; 载荷机构的调整; 设定加载参数。

(2) 试样经加载, 卸载, 转动载物台, 在目镜中可观察到显微硬度的压痕。

(3) 量取压痕对角线长度, 并取平均值, 获得显微硬度值。

用螺旋测微目镜测定压痕对角线的长度。测量时, 首先移动工作台, 使试样压痕的左面两边与十字交叉线的右半边重合, 记下测微鼓轮的指示数; 然后转动鼓轮使十字交叉线的左半边与压痕的右面两边也重合, 再记下测微鼓轮上的指示数, 两数之差为压痕对角线相对

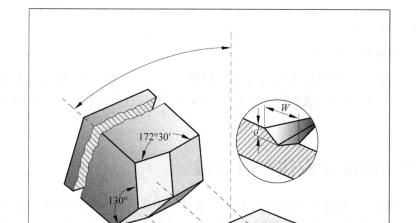

图 4.7　努氏金刚石棱锥压头

应的格数;最后差值乘以鼓轮刻度值(放大 485×时每格为 $0.3\mu m$)即得到压痕对角线长度。

一般是测两条相互垂直的对角线的长度再取平均值作为压痕对角线的长度 d。

由压痕对角线的长度,通过式(4.10)计算或查压痕对角线与显微硬度对照表得到显微硬度值。

4.5.3　影响显微硬度值的因素

1. 试样制备

试样在制备过程中,会因磨削使表面发生塑性变形并引起加工硬化,这对显微硬度有很大的影响(有时误差可达 50%),低载荷下更为明显。因此试样在制备过程中,要尽量减少表面变形层,特别对软材料,最好采用电解抛光。

2. 载荷

根据试样的实际情况,选择适当的荷载,在试样条件允许的情况下,尽量选择较大的载荷,以得到尽可能大的压痕。由于弹性变形的回复是材料的一种性能,对于任意大小的压痕其弹性回复量几乎一样,压痕越小弹性回复量占的比例就越大,显微硬度值也就越高。在同一试样中,选用不同的载荷测试得出的结果不完全相同,一般载荷越小,硬度值波动越大。所以对于同一实验最好始终选相同的载荷,以减少载荷变化对硬度值的影响。布科提出了下列 4 类加载范围,可供参考:

铝合金:1~5g

软铁镍:5~15g

硬钢：15～30g

碳化物：30～120g

3. 加载速度和保载时间

加载速度过快，会使压痕加大，显微硬度值降低。一般载荷越小，加载速度的影响就越大，当载荷小于 100g 时，加载速度应为 $1～20\mu m/s$。加载后保持载荷 3～5s 即可卸载进行测量。

4.6   使用硬度计应注意的事项

除了各种硬度计使用时特殊注意事项外，还有一些共同的应注意的问题，现列举如下：

(1) 硬度计本身会产生两种误差：一是其零件的变形、移动造成的误差；二是硬度参数超出规定标准所造成的误差。对第二种误差，在测量前需用标准块对硬度计进行校准。对洛氏硬度计校正结果，差值在±1 之内合格。差值在±2 之内的稳定数值，可以给出修正值。差值在±2 范围之外时则必须对硬度计进行校正维修或换其他硬度测试法测定。洛氏硬度各标度有一事实上的适用范围，要根据规定正确选用。例如，硬度高于 HRB100 时，应采用 HRC 标度进行测试；硬度低于 HRC20 时应用 HRB 标度进行测试。因为超出其规定的测试范围时，硬度计的精确度及灵敏度较差，硬度值不准确，不宜使用。其他硬度测试法也都规定有相应的校正标准。校准硬度计用的标准块不能两面使用，因标准面与背面硬度不一定一致。一般规定标准块自标定日起一年内有效。

(2) 在更换压头或砧座时，注意接触部位要擦干净。换好后，要用一定硬度的钢样测试几次，直到连续两次所得硬度值相同为止。目的是使压头或砧座与实验机接触部分压紧，接触良好，以免影响实验结果的准确性。

(3) 硬度计调整后，开始测量硬度时，第一个测试点不用。因试样与砧座可能接触不好，测量值不准确。测试完第一点后，硬度计处于正常运行状态时再对试样进行正式测试，并记录硬度值。

(4) 在试件允许的情况下，一般选不同部位至少测试三个硬度值，取平均值作为试件的硬度值。

(5) 对形状复杂的试件要采用相应形状的垫块，固定后方可测试。对圆试件一般要放在 V 形槽中测试。

(6) 加载前要检查加载手柄是否放在卸载位，加载时动作要轻稳，不要用力太猛。加载完毕加载手柄应放在卸载位置，以免仪器长期处于负荷状态，发生塑性变形，影响测量精度。

4.7   实验部分

4.7.1   实验目的

(1) 了解不同种类的硬度的测试原理及应用范围。

(2) 掌握布氏、洛氏、维氏、显微硬度计的操作方法及设备特点，学会使用相应硬度计。

4.7.2　实验内容

(1) 熟悉各种硬度计的原理、构造及正确的操作方法。
(2) 掌握洛氏、布氏、维氏、显微硬度计的操作方法。
(3) 选择适当的硬度计,测量黄铜、退火低碳钢、调质钢、回火马氏体钢的硬度。
(4) 用显微硬度计测量淬火圆棒不同半径处的硬度。

4.7.3　实验报告要求

(1) 简述洛氏、布氏、维氏、显微硬度计的原理、构造及操作方法。
(2) 分析黄铜、退火低碳钢、调质钢、回火马氏体钢的组织与硬度关系。
(3) 绘制淬火圆棒的显微硬度曲线,分析结果。

4.7.4　思考题

(1) 最常用的硬度计有哪几类? 其硬度用什么符号表示?
(2) 洛氏硬度计的测量原理是什么?
(3) 最常用的三种洛氏硬度标准的压头载荷是如何配合使用的?
(4) 试说明布氏、洛氏、维氏硬度实验的优缺点、适用范围及测量注意事项。
(5) 布氏和维氏硬度的实验原理是什么?
(6) 维氏硬度值为什么与所用的载荷无关?
(7) 显微硬度常用的压头有哪两种? 其硬度值如何测量?

4.7.5　拓展实验

测定以下热处理后的 45 钢试样的硬度(炉冷、空冷试样测 HRB,其余试样测 HRC),并分析不同的冷却方式,不同的回火温度对 45 钢性能(硬度)的影响,画出它们与硬度关系的示意曲线,并根据铁碳相图、C 曲线和回火时的转变阐明硬度变化的原因。

碳钢	加热温度	冷却方法	回火温度
		水冷	—
		油冷	—
		空冷	—
45 钢	860℃	炉冷	—
		水冷	200℃
		水冷	400℃
		水冷	600℃

参考文献

[1]　孙业英.光学显微分析[M].北京：清华大学出版社,1997.

[2]　周小平.金属材料及热处理实验教程[M].武汉：华中科技大学出版社,2006.

[3]　潘清林.金属材料科学与工程实验教程[M].长沙：中南大学出版社,2006.

第 5 章

扫描电子显微分析

金相显微镜在显微分析领域起到了非常重要的作用,为人类打开了认识微观世界的大门,看到了肉眼所看不到的细节和结构。为了得到更精细的结构,自 20 世纪 30 年代,人们开始研究分辨率更高的工具。目前,电子显微分析技术已经日趋成熟,成为了研究物质微观组织、晶体结构和测定微区化学成分的重要手段。

5.1 光学显微镜的分辨率极限

光学显微镜以可见光为光源,用光学透镜来完成光线的折射和聚焦。由于光的波动性和衍射效应,物体上一个几何物点通过透镜成像时,在像平面上得到的并不是一个理想的像点,而是一个中央最亮周围有一组明暗相间同心圆环的光斑,中央亮斑称作艾里斑(Ariy disk)。根据衍射理论,Airy 斑的半径 R_0 为

$$R_0 = \frac{0.61\lambda}{n\sin\alpha}M \tag{5.1}$$

式中,λ 为可见光波长;n 为透射介质折射率;α 为透镜孔径半角;M 为透镜放大倍数。

如果物体上两个几何物点相距较远,像平面上的两个 Airy 斑能够相互分开;如果两个物点逐渐靠拢,两个 Airy 斑也会靠拢、重叠。当两个 Airy 斑中心间距等于其半径时,两个像点的间距会达到人类肉眼分辨的极限,此时,物体上相应的两个物点的间距定义为显微镜能够分辨的最小间距,用 d 来表示,第 1 章中已经提到,这就是显微镜的分辨率。由式(5.1)得到:

$$d = \frac{R_0}{M} = \frac{0.61\lambda}{n\sin\alpha} \tag{5.2}$$

对于光学显微镜,当 $n\sin\alpha$ 达到最大值 1.5 时,式(5.2)简化为

$$d \approx \frac{\lambda}{2} \tag{5.3}$$

由式(5.3)可以清楚地看出,半波长是光学显微镜分辨率的理论极限。可见光的最短波长约为 400nm,因此光学显微镜的最高分辨率为 200nm 左右。

可见光的波长限制着光学显微镜的分辨率,因此,提高分辨率的可选途径是降低光源的

波长。波长更短的电磁波包括紫外光、X 射线和电子波等。因此,显微技术领域出现了紫外光显微镜、X 射线显微镜和电子显微镜,它们的分辨本领比光学显微镜均有不同程度的提高。

5.2　电子波长及电子显微镜分辨率

根据波粒二象性理论,高速运动的微观粒子具有波动性,其波长与运动速度和质量成反比:

$$\lambda = \frac{h}{mv} \tag{5.4}$$

式中,h 为普朗克常数;m 为电子质量;v 为电子的运动速度。

当电子被加速时,电子的运动速度和加速电压 U 之间的关系为

$$\frac{1}{2}mv^2 = eU \tag{5.5}$$

式中,e 为电子所带的电荷,$e = 1.6 \times 10^{-19} \mathrm{C}$。

由式(5.4)和式(5.5),可以得到:

$$\lambda = \frac{h}{\sqrt{2emU}} \tag{5.6}$$

由式(5.5)和式(5.6)可以看出,加速电压 U 越高,运动速度 v 越大,电子的波长 λ 越短。当加速电压使电子的速度与光速能够相比的时候,电子的质量需要考虑相对效应,即

$$m = \frac{m_0}{\sqrt{1 - \left(\dfrac{v}{c}\right)^2}} \tag{5.7}$$

式中,m 为运动的电子的质量;m_0 为静止的电子的质量;c 为光速。

经过相对论校正后可以计算出,当加速电压在 200kV 时,电子的波长要比可见光波长小 5 个数量级。另外,电场和磁场可以改变电子的运动方向,与光学透镜对可见光的折射效果类似,从而能够实现电子束的聚焦。以上两点是电子波能够成为显微镜光源的物理基础。

光学显微镜能够分辨两个几何物点的最小间距约为 200nm,将这个间距放大到肉眼恰好可以分辨的程度(肉眼分辨率约为 0.2mm),此时的放大倍数为有效放大倍数,进一步放大也不会有更多的细节,为虚放大。可以计算出,光学显微镜的有效放大倍数约为 1000 倍。现代电子显微镜的分辨本领能够达到纳米级甚至零点几纳米,有效放大倍数能达到几十万甚至上百万倍。通过电子显微镜,人们能够看到更细微的结构。在现代科学研究中,电子显微镜已经成为有力和常用的工具。

5.3　电子束与物质的相互作用

电子显微镜是以电子波为光源。具有一定能量的电子入射到试样表面时,与物质的原子核或核外电子形成的电场作用而发生散射、电离、辐射、吸收等过程,同时产生出不同物理信号,如图 5.1 所示,主要包括二次电子、背散射电子、特征 X 射线、俄歇电子、阴极荧光和透射电子等。透射电子显微镜是探测和分析透射电子得到物质的信息。扫描电子显微镜中常用的信号是二次电子、背散射电子和特征 X 射线,阴极荧光和俄歇电子用得较少。本章我们介绍扫描电子显微镜(以下简称扫描电镜)的工作原理和应用。

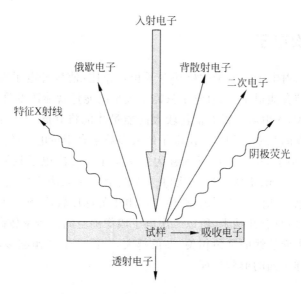

图 5.1　电子束与物质相互作用示意图

　　各种物理信号产生的原理不同,携带的能量也不同,电子束与物质相互作用区域的深度、横向扩展幅度均有所差异。如图 5.2 所示,产生 X 射线的深度最深,电子束在样品内部作用区域横向展宽最大,产生俄歇电子的深度最浅,电子束在样品内部作用区域横向展宽最小。

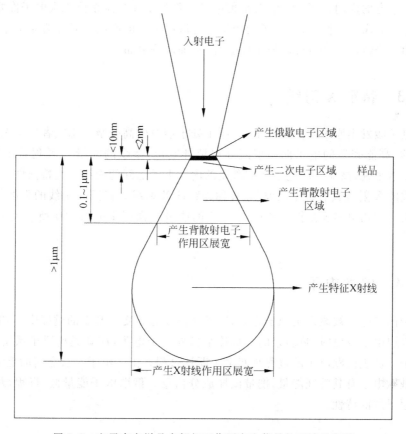

图 5.2　电子束在样品内部相互作用产生信号的区域示意图

5.3.1　二次电子

二次电子是由入射电子与原子的核外电子相互作用,使核外电子电离所造成。原子的价电子与原子核的结合能很小,入射电子只需要较少的能量就能激发价电子,而内层电子与原子核的结合能较大,入射电子需要消耗较大的能量才能将其激发。价电子激发的几率远远大于内层电子激发的几率,因此,二次电子绝大多数来自于价电子的激发。二次电子能量较低,习惯上把能量小于 $50eV$ 的电子统称为二次电子。二次电子只能从很浅的试样表面激发出来,一般小于 10nm,更深处的二次电子因能量小而无法逸出表面,二次电子像反映的是试样表面的信息。如图 5.2 所示,产生二次电子的深度较浅,电子束在样品内部作用区域横向展宽较小,一般只有几纳米,所以二次电子成像的空间分辨率较高。二次电子的产额和入射电子与试样表面法线的夹角相关,夹角越大,二次电子产额越多,扫描电镜就是利用这个特性来反映试样表面的形貌特征。

5.3.2　背散射电子

背散射电子是入射电子受到原子核散射后重新逸出试样表面的电子。如图 5.2 所示,背散射电子是从相对较深的样品内部发射出来,一般为 $0.1\sim1\mu m$,入射电子束在这个深度时已经有了一定的横向扩展,因此,背散射电子成像的空间分辨率比二次电子像要低。背散射电子的能量较高,接近于入射电子的能量。背散射电子的产额与元素的原子序数相关,扫描电镜利用这个特性反映试样的原子序数分布,即成分分布。

5.3.3　特征 X 射线

入射电子激发出原子的内层电子后,原子处于能量较高的激发态或者离子态,这种能态是不稳定的,高能壳层的电子向内层跃迁以填补空位,多余的能量以 X 射线的形式释放。对于一种元素来说,高能壳层电子和被激发的内层电子之间的能级差是特征性的,因此每种元素所释放的 X 射线具有特定的波长,被称为特征 X 射线。特征 X 射线的强度与元素的浓度直接相关。扫描电镜就是探测特征 X 射线的能量和强度来分析物质所含元素的种类和含量。

5.3.4　俄歇电子

当原子内层电子被激发出原子之后,原子从激发态转变为基态的过程中,高能壳层的电子跃迁到内层电子空位时,将多余的能量传给另外一个电子,使其脱离原子系统,这种电子为俄歇电子。产生俄歇电子的过程是双电子跃迁过程。由于电子壳层之间的能级差是特征的,因此,俄歇电子有其特征能量,携带试样成分信息。俄歇电子能量低、行程短,反映试样表面几个原子层的特性。

5.3.5　阴极荧光

有些材料在高能电子的轰击下会发出可见光,称之为阴极荧光,其过程是价电子从激发态跃迁到基态时,多余能量以可见光的形式释放出来。对于某些半导体材料,释放的能量大小为价带和导带的能量间隔,因此阴极荧光也携带了某些材料的成分信息。

5.4　扫描电镜的主要工作原理

5.4.1　扫描电镜的原理简介

如图5.3所示,扫描电镜以电子束作为入射光源。电子枪将电子加速和聚焦后发射出来,聚光镜和物镜将电子束进一步折射聚焦,使电子束的直径被缩小到纳米尺度,最终入射到试样表面。在扫描线圈的作用下,电子束在试样表面进行逐点逐行扫描。同步扫描发生器控制显示屏阴极射线管的扫描线圈,使其在显示屏上进行严格地同步扫描。被激发出的电子信号被相应的探测器收集,经过放大后,被调制成显示屏上相对应点的亮度。逐点逐行扫描完毕后,通过亮度的不同形成反映试样形貌特征或者成分信息的显微图像。

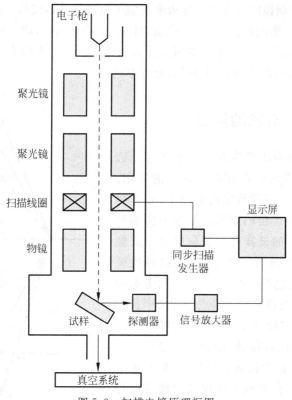

图5.3　扫描电镜原理框图

扫描电镜最基本的功能是收集二次电子信号使之成像,来观察试样的表面形貌特征;也能收集背散射电子信息,分析试样原子序数;还能利用能谱仪收集特征 X 射线的能量和强度进行定量的成分分析。

5.4.2 扫描电镜的放大倍数和分辨率

金相显微镜的放大倍数一般定义为象的尺寸与物的尺寸的比值。在扫描电镜中,同样可以这样定义,即放大倍数等于图片的显示宽度与电子束在试样上的扫描宽度的比值。在扫描电镜中,电子束在试样表面上的扫描和阴极射线管在显示屏上的扫描保持着精准的同步,若电子束在试样表面扫描的幅度为 A_s,阴极射线在显示屏同步扫描的幅度为 A_c,则扫描电镜的放大倍数为

$$M = \frac{A_c}{A_s} \tag{5.8}$$

由于显示屏尺寸是固定不变的,因此,放大倍数是通过改变电子束在试样表面的扫描范围来实现的。若显示屏的宽度为 100mm,当电子束在试样上的扫描幅度为 1mm 时,放大倍数为 100 倍。如果减少扫描线圈的电流,电子束在试样上的扫描幅度减小为 0.01mm,放大倍数为 10000 倍。扫描电镜放大倍数的改变依赖电路上的处理,因此改变扫描电镜的放大倍数十分方便。现代商业化扫描电镜的放大倍数可以从几十倍到几十万倍可调。

在分辨率的概念上,扫描电镜与金相显微镜也具有相似的定义:能清晰分辨试样上两点间的最小距离为显微镜的分辨率。分辨率决定了显微镜分辨试样上细节的程度。在扫描电镜中,分辨率是最主要的特征,一般是在指定情况下拍摄图像,测量两亮区之间的暗间隙宽度,然后除以总放大倍数的最小值得到电镜的分辨率。分辨率的直接影响因素是最终照射到试样上电子束斑的直径,电子束越细,分辨率越高。

5.4.3 扫描电镜的景深

扫描电镜的景深取决于末级物镜的景深。透镜的景深对电镜的成像质量起着关键性的作用。当像距不变时,在保证图像清晰的前提下,允许物点移动的最大距离为透镜的景深。景深表征的是一个透镜对高低不平的试样各个部位能清晰成像的一个能力范围。如图 5.4 所示,在理想的透镜中,即不考虑其球差、色差和像散的影响,只考虑衍射效应,几何物点 O 在像平面上形成的圆斑半径为 R_0。如果物点向前移动到 B 点和向后移动到 A 点,相应的焦点也会前后移动,则物点在像平面所成的像会变成一个弥散的圆斑。但是,只要圆斑的半径小于或等于 R_0,像平面上的图像就能够保持清晰。

由几何关系可以得到物点所能允许移动的距离,即景深 D_f 有以下关系:

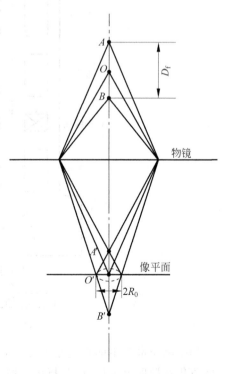

图 5.4　物镜的景深示意图

$$D_f = \frac{2(R_0/M)}{\tan\alpha} \tag{5.9}$$

式中，M 为透镜的放大倍数；α 为孔径半角。由于扫描电镜物镜的孔径角很小，因此扫描电镜可以获得很大的景深，比一般的光学显微镜景深大 100～500 倍。由于景深大，扫描电镜图像的立体感强，对于表面极为粗糙的断口试样也能得到清晰的图像。

5.4.4　二次电子及其成像

扫描电镜的核心工作是收集二次电子进行成像，用来分析材料表面的形貌特征。二次电子的能量小于 $50eV$，是入射电子束与价电子相互作用的结果，主要包含以下几个特点：

（1）二次电子能量较低，只能从试样表面以下很浅的深度激发出来，一般为 5～10nm 深度范围。因此，二次电子像呈现的是试样的表面特征。

（2）由于二次电子在试样内部产生的深度很浅，因此电子束在试样内相互作用区域横向扩展的宽度很小，只有几纳米，因此二次电子像具有较高的分辨率。

（3）二次电子的产额与试样表面的成分关系不大，因此不能用二次电子来做成分分析。

（4）实验表明，二次电子的角分布符合余弦分布，与试样材料的晶体结构和入射电子束的入射方向无关，二次电子发射的方向性不受试样倾斜的影响。

（5）二次电子信号的强度和电子束到试样表面的入射角直接相关。入射角越大，二次电子的产额越多。

如图 5.5 所示，设电子束与试样表面法线的夹角（入射角）为 θ，产生二次电子的深度为 R，逸出表面的最短距离为 $R\cos\theta$，从几何关系可以看出，入射角越大，逸出表面的距离越短，这意味着逸出二次电子的几率越大，因此二次电子的产额越多。设入射电子束强度为 I_b，二次电子信号强度为 I_s，二次电子产额为 δ，有以下关系成立：

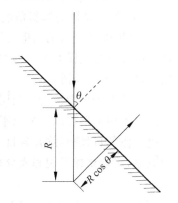

$$\delta = \frac{I_s}{I_b} \propto \frac{1}{\cos\theta} \tag{5.10}$$

图 5.5　电子束的入射角与二次电子出射的距离的关系

因此，二次电子的产额与试样的表面状态非常敏感。在试样表面的尖角、台阶、小颗粒、坑穴边缘等部位，电子束的入射角大，所以会产生较多的二次电子，其图像较亮，而在平面处产生的二次电子少，图像较暗，在沟槽、深坑等部位虽然也能产生较多的二次电子，但是不易被探测器收集到，图像也较暗。如果试样表面光滑平整，则不形成衬度；而对于表面凹凸不平的试样，其形貌可看成由许多不同倾斜程度的面构成，这些细节发射的二次电子数不同，从而产生明暗对比清晰的表面形貌衬度像。

除了放大倍数大以及分辨率高之外，扫描电子显微镜另外一个突出的优势是景深大，成像富有立体感，能够观察凹凸不平的试样表面。二次电子探测器上加上收集偏压，几乎所有二次电子都可被探测器接收，因此不存在探测器安装角度产生的阴影效应。二次电子像是扫描电镜的主要成像方式，特别适用于粗糙试样表面的形貌观察，在材料、物理、医学及生命科学等领域都有着极其广泛的应用。

5.4.5 背散射电子及其成像

当电子束入射到试样时,入射电子经过多次弹性和非弹性散射后返回到表面逸出的电子为背散射电子。在实验中,不容易区分出背散射电子和二次电子,一般习惯将大于 $50eV$ 的电子统称为背散射电子,而低于 $50eV$ 的电子称为二次电子。

背散射电子包括弹性背散射电子和非弹性背散射电子。前者电子能量没有发生变化只是改变了运动方向;后者能量和方向都发生了变化。背散射电子具有几个主要特征:

(1) 背散射电子是从试样反射回来的初次电子,能量范围从 $50eV$ 到入射电子的能量,穿透能力比二次电子强得多,可从试样中较深的区域逸出,深度可以达到微米级,分析的是试样亚表面的信息。在样品内部这样的深度范围,入射电子已有较宽的侧向扩展,所以背散射电子成像的分辨率要低于二次电子像。

(2) 背散射电子与入射电子的电流之比为背散射电子的反射率。实验表明,反射率与入射电子的能量关系较小,随原子序数增大而增加,因此,背散射电子主要反映试样表面的原子序数分布特征。试样上平均原子序数大的部位产生较强的背散射电子信号,在图像上形成较亮的区域,平均原子序数较低的部位则产生较少的背散射电子,在图像上形成较暗的区域,这样就形成明暗清晰的原子序数衬度图像。

(3) 如果试样的倾斜角度增加,电子束趋向于靠近试样的表面传播,此时电子入射深度浅,背散射电子逸出的几率会增加。倾斜程度越大,产生背散射电子越多,因此背散射电子产生的数目与试样的表面形貌也有关系。凹凸不平的试样表面会影响对原子序数分布的判断,试样表面越光滑,对于原子序数反差判断越好。

扫描电子显微镜就是利用背散射像来观察试样表面不同原子序数分布情况。目前,背散射电子探测器可以区分出平均原子序数相差 0.1 的两种相。为了利用二次电子像和背散射电子像各自优势,弥补各自不足,扫描电镜一般可实现两个探测器同时采集,各自成像,对照观察,实现试样形貌和成分相分布的最佳结合。

5.4.6 特征 X 射线及成分分析

前面已经提到,如果入射电子与原子的内层电子作用使之电离,当高能壳层的电子向内层跃迁以填补空缺时,会释放出特征 X 射线。

X 射线线系根据出现空位的壳层以及跃迁电子壳层来定义。原子内层电子分为 K、L、M、N、O、P 层,如图 5.6 所示,如果 K 层电子被激发留下空位,由此产生的 X 射线称之为 K 系 X 射线。如果向内跃迁填补空位的电子来自 L 壳层,产生的 X 射线被称作 Kα 射线。向内跃迁的电子来自 M 层,产生的 X 射线被称作 Kβ 射线。向内跃迁电子来自 N 层,则 X 射线为 Kγ 射线。同理,由 L 层电子被激发产生的 X 射线称之为 L 系 X 射线,同时 L 系 X 射线又有 α、β、γ 之分。

特征 X 射线的能量与原子序数的关系遵从莫赛来定律,即

$$\nu = K(Z - \sigma)^2 \tag{5.11}$$

式中,ν 为特征 X 射线的频率;K 和 σ 为相关的常数;Z 为原子序数。从式中看出,特征 X

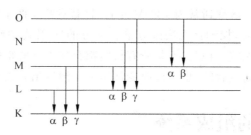

图 5.6　特征 X 射线能级图

射线频率与原子序数的平方有着线性关系,因此 X 射线携带着元素种类的信息。

　　X 射线穿透试样的行程比电子高得多,可以在初级电子束穿透试样的最深处发射出试样,在较深的区域内,电子束扩散的程度更大,因此 X 射线信号相对二次电子和背散射电子信号空间分辨率还要差一些。

　　在激发条件相同的情况下,X 射线的强度与该元素的浓度成正比。一般定量测试元素浓度需要有已知浓度的标准样品,而且待测试样和标准试样的元素浓度近似相同。待测试样 i 元素的 X 射线强度 I_i 与标准试样中该元素的 X 射线强度 $I_{(i)}$ 比值为 K,这个比值近似等于该元素在待测试样中的浓度 C_i 和标准试样中的浓度 $C_{(i)}$ 的比值,如式(5.12),由标准样品的已知浓度 $C_{(i)}$ 和 X 射线强度比值 K,计算得到待测试样中的元素浓度 $I_{(i)}$:

$$K = \frac{I_i}{I_{(i)}} \approx \frac{C_i}{C_{(i)}} \tag{5.12}$$

　　扫描电镜一般都装有能谱仪,收集和分析特征 X 射线的能量和强度,来确定试样中所含物质及其浓度。现代扫描电镜的能谱仪做元素分析都可以进行点分析、线扫描和面扫描。点分析是测试试样表面的一个感兴趣的点,进行定性或者定量分析。线扫描和面扫描则对试样进行一维和二维分析。由于连续 X 射线的存在,增加了背底噪声,但是现代扫描电镜的设计能够方便地扣除背底噪声。

　　扫描电镜能谱仪定量分析需要使用已知元素浓度的标准试样,有些无标准试样定量分析中,X 射线强度标准通过理论计算得出或者仪器厂家给出的标准试样图谱数据库进行定量计算。实际上,通过理论计算得到的 X 射线强度标准有许多不足之处,随着仪器使用年限的增加和参数的变化,分析误差会越来越大。因此,使用标样测试或者使用标样图谱数据库做定量分析会更准确。

　　待测试样和标准试样需要在相同的条件下测试,测出的相对强度比值必须很精确。除此之外,由于存在原子序数效应、X 射线吸收效应、荧光效应等几种效应,还需要对比值进行修正才能得到正确的数据,如式(5.13)所示,这种修正方法被称作 ZAF 方法,一般能谱分析仪中均有 ZAF 定量分析程序。

$$K = \frac{C_i}{C_{(i)}} \times \frac{(ZAF)_i}{(ZAF)_{(i)}} \tag{5.13}$$

式中,Z 为原子序数修正因子,这是由于电子束散射与原子序数有关所进行的修正;A 为吸收修正因子,是由试样对 X 射线吸收所进行的修正;F 为荧光修正因子,是由特征 X 射线产生的二次荧光所进行的修正。

　　定量分析也可以检测几个已知成分的标准试样建立一个校正曲线来实现。在曲线范围内的 X 射线强度就能直接得出元素浓度。

通常能谱仪的能量分辨率通常为 130eV 左右,这就意味着两个特征 X 射线的能量小于 130eV,谱峰将会出现重叠,探测器无法区分重叠部分的 X 射线到底来自哪个元素,会给定性和定量带来错误或者误差。但是,不是所有材料都存在大量的重叠峰,因此可以采用一些理论算法进行区分来剥离重叠峰,也可以改变加速电压激发出元素其他线系来分析。

5.5　扫描电镜的组成系统

扫描电镜主要包含以下几个部分:包括电子枪和电磁透镜在内的电子光学系统、电磁偏转系统、扫描系统、信号检测放大系统、图像显示和记录系统、试样室和真空系统等。

5.5.1　电子光学系统

电子光学系统主要由电子枪、电磁透镜、透镜光阑等几部分组成。电子枪提供稳定的电子源而形成电子束,在电子枪内部静电透镜的作用下汇聚成较细的电子束从电子枪出射。经过电磁透镜和透镜光阑进一步聚焦缩小,形成直径为几纳米的高能电子束,入射到试样表面。

1. 电子枪

电子枪需要电子束直径小、亮度高、电子能量发散小等特点。目前常用电子枪大致为两种:热电子发射型和场发射型。热电子发射型主要发射材料为钨和六硼化镧。场发射型电子枪又分为冷场发射方式和热场发射方式两种类型。电子枪的种类不同,电子束的汇聚直径、能量发散度、束流密度、亮度、电流稳定度及电子源寿命等均有差异。

1) 热电子发射型电子枪

热电子发射型电子枪由阴极灯丝、阳极加速管和栅极组成。如图 5.7 所示,阳极加速管接地,阴极灯丝位于负电位,栅极上有更高的负电压。当阴极灯丝被加热时,高温使电子获得足够的能量去克服电子枪阴极材料的功函数势垒逃逸而从阴极发射。由于阴极灯丝和阳极加速管之间有很高的电势差,发射的热电子被阳极所加速。栅极上加一个更高的负电压,与灯丝之间用偏压电阻连接,用来调节电子的束流。三个电极共同作用,相当于一组静电透镜,电子在其中被折射和加速。在阳极孔附近汇聚成第一个最小光斑点,这就是电镜的光源。

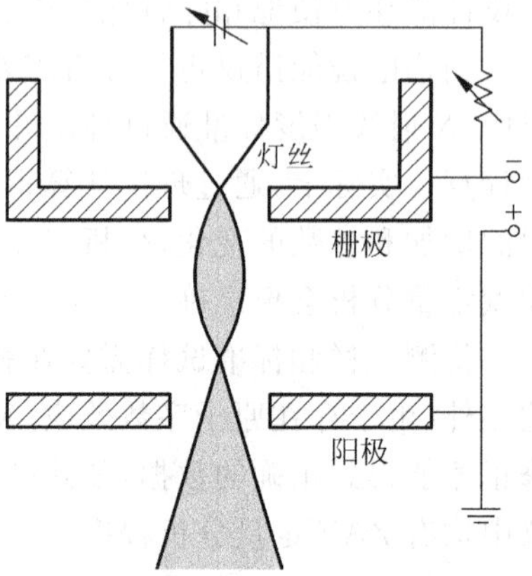

图 5.7　热电子发射型电子枪原理示意图

用束流的大小可以表征电子的数量,束流越大,电子数量越多。束流是衡量电子枪性能的重要指标。

根据 Richardson-Dushman 公式,

$$j = AT^2 e^{-\phi/k_B T} \tag{5.14}$$

式中,j 为电流密度;A 为常数;T 为阴极发射的绝对温度;k 为玻尔兹曼常数,ϕ 为功函数。对电流密度有较大影响的是温度 T 和阴极材料的功函数 ϕ。理想的情况是电子枪尽可能在较低温度来工作以减少阴极材料的挥发和损耗,这就要求阴极灯丝采用低功函数的材料。

单位立体角的电流密度为电子束的亮度 β,根据 Langmuir 公式,电子束亮度的最大值由式(5.15)确定:

$$\beta = j\,\frac{eU}{\pi kT} \tag{5.15}$$

式中,j 为电子流密度;U 为电子枪的加速电压;k 为玻尔兹曼常数;T 为阴极发射的绝对温度。从式中看出,加速电压、温度和电流密度共同决定着电子束的最大亮度。

热发射型电子枪的主要阴极灯丝材料有金属钨和六硼化镧。金属钨的功函数约为 $4.5eV$,其熔点为 3650K。由金属钨制成的灯丝为 V 形,工作温度约 2700K,阴极曲率半径约为 $100\mu m$,电流密度为 $1\sim2\mathrm{A/cm^2}$,能量发散约为 $2eV$。钨灯丝的特点是稳定、制作工艺简单,因此得到了很广泛的应用。在使用中灯丝的直径随着钨丝的蒸发变小,使用寿命为 $40\sim80h$。

六硼化镧灯丝的功函数为 $2.4eV$,比钨丝的功函数低,要得到同样的电流密度,六硼化镧灯丝工作温度在 1500K 即可,阴极曲率半径约为 $5\mu m$,电流密度约 $25\mathrm{A/cm^2}$,能量发散约为 $1eV$。由于工作温度低,因此灯丝材料的蒸发率降低,使用寿命增加到 500h 左右。根据 Langmuir 公式,六硼化镧工作温度和功函数的降低以及电流密度的增加,使六硼化镧灯丝的亮度较钨灯丝的亮度有了较大的提高。但是,六硼化镧的化学活性很强,在加热时很容易和其他元素形成化合物。如果这种情况发生,发射效率会急剧下降。因此,六硼化镧灯丝对真空要求比钨丝高。另外,六硼化镧的制造工艺较钨灯丝复杂,成本较高。

2) 场发射型电子枪

如果在金属表面加一个强电场,作用效果会使金属的势垒变浅,金属中的自由电子逸出表面的几率增加。场发射电子枪是在阴极灯丝和加速电极(阳极)之间加入一个抽取电极并施加电压,用来降低金属的势垒,增加电子的发射几率,控制针尖的电流强度。抽取电极和阳极共同作用,实现吸取电子、聚焦以及加速电子的功能。场发射式电子枪比钨灯丝和六硼化镧灯丝的亮度高出上百倍,能量发散到 $0.2\sim0.3eV$,因此,高分辨率扫描电镜均采用了场发射式电子枪。

场发射电子枪可细分为两种:冷场发射式和热场发射式。冷场发射式电子枪工作温度为室温,发射体为(310)取向的单晶钨。灯丝的曲率半径为 100nm 左右,如此尖的阴极会吸附周围的气体分子,影响功函数,并发生放电,导致电子束流不稳定而产生噪声。为了降低气体吸附率,冷场发射的电子枪需要在高真空($10^{-8}\mathrm{Pa}$)条件下工作。但是仍然无法避免气体分子吸附,需要定时短暂加热针尖至 2500K(此过程叫做 flash),以去除所吸附的气体分子。

热场发式电子枪是在 $1600\sim1800\mathrm{K}$ 温度下工作,发射体为(111)取向的单晶钨,表面有一层氧化锆来降低电子发射的功函数。灯丝的曲率半径大约为 $1\mu m$,保留了冷场发射的优点,并避免了气体分子吸附在针尖表面,免除了灯丝 flash 的需要,发射电流稳定,能在较差的真空度下($10^{-7}\mathrm{Pa}$)工作。亮度与冷场发射电子枪相似,但其电子能量发散度较高,分辨率较差。

2. 电磁透镜

通电的短线圈会产生旋转对称的非均匀磁场,能够改变电子的运动方向,并能产生汇聚电子的作用,与光学透镜对可见光的折射和聚焦的效果类似。因此,将电子光学系统中这种通电线圈称作电磁透镜。根据电子在磁场中的运动规律,电子的速度方向与磁场的方向相同时,洛伦兹力为0,电子做匀速直线运动。如果电子的速度方向与磁场方向垂直,电子做圆周运动,圆周的平面与磁场方向垂直。在通电短线圈中,当电子运动的方向与磁场成一定的角度时,电子的运动是平行于轴的匀速直线运动、与磁场方向垂直的圆周运动、向轴靠近的合运动,运动轨迹为圆锥螺旋状,最终电子会落到主轴上,与主轴的交点就是电磁透镜的焦点。

电磁透镜能够汇聚电子枪发射的电子束,因此能够减小亮度的损失。还能调节束流密度、孔径角和束斑大小,决定着最终照射到试样上的电子束的尺寸,因此,电磁透镜的质量决定着扫描电镜的空间分辨率。

扫描电镜一般都采用三级透镜,包括两级强电磁透镜和一级弱电磁透镜,前两级强电磁透镜是为聚光镜,焦距很短,主要作用是把电子枪形成的直径为几十微米的束斑缩小到几微米至几纳米的范围;第三级弱电磁透镜为物镜,焦距做得较长,试样放在这级物镜下面,离物镜较远,可避免磁场对二次电子轨迹的干扰,而且能够测试大景深的试样。这三级透镜中均有装有光阑,目的是为了挡掉大散射角的杂散电子,得到平行性好、发散度小的电子束。

5.5.2　电磁偏转系统

电磁偏转系统的作用是将电子束对中,一般包括两组偏转线圈,第一组是在电子枪和聚光镜中间,第二组是在物镜和试样中间。当电子枪通过机械方法对中调整后,通过阳极的电子不一定都能够进入到第一级透镜(聚光镜)的中心;或者灯丝使用一段时间以后,灯丝有轻微的变形,电子束偏离中心位置。以上两种情况下,需要使用第一组偏转线圈重新调整电子束对中。对中线圈在 X、Y 两个方向调节,可方便地进行电子束倾斜和平移调整,最终实现电子束与电磁透镜同轴,使得经过电磁透镜的电子束电流最大。第二组偏转线圈的主要目的同样也是将电子束对中,从而能够得到分散度小、亮度高的同轴电子束。

5.5.3　扫描系统

扫描系统包括同步扫描信号发生器、扫描放大器和扫描线圈组成。同步扫描信号发生器产生的信号经扫描放大器放大后同时控制电镜镜筒的扫描线圈和阴极射线管的扫描线圈,使得两者在试样表面和显示屏上做同步扫描。扫描电镜镜筒中的扫描线圈使电子束在试样表面沿 X、Y 两个方向进行偏转,可实现电子束定点、线扫描、面扫描的功能,改变扫描区域的大小和调节放大倍数。

5.5.4　信号检测放大系统

信号检测放大系统的作用是检测在入射电子的作用下从样品表面产生的物理信号,如二次电子、背散射电子、特征 X 射线等,并将其放大,作为显像系统的调制信号。不同的物理信号需要不同的探测器,最常用的信号检测器有两种,分别为电子检测放大系统和 X 射线检测放大系统。

电子检测放大系统主要用闪烁计数器来检测二次电子、背散射电子等信号。闪烁探测器由闪烁体、光导管和光电倍增器等部件组成。电子信号进入到探测器的窗口内打到闪烁体后会引起电离,电离后的离子和自由电子复合会产生可见光。光子由光导管进入到光电倍增管内,光信号被放大,将光信号转化为电信号,经过放大器放大后作为调制信号。如前所述,镜筒中的电子束和阴极射线管中电子束同步扫描,显示屏上每一点的亮度是根据试样上被激发出来的信号强度来调制的,因此,在显示屏上得到的是一幅反映试样各点信息的显微图像。

X 射线检测放大系统主要包括指能谱仪,能谱仪的探测器主要有两种类型:锂漂移硅探测器和硅漂移探测器。

当不同能量的光子进入锂漂移硅探测器的 Si(Li)晶体后,将产生电子-空穴对。产生电子-空穴对所需要的能量是一定的,因此入射光子的能量不同,产生电子-空穴对的数目将会不同。入射 X 射线光子的能量越高,电子-空穴对的数目就越大。在晶体两端的加偏压来收集电子空穴对,经过前置放大器转换成电流脉冲,电流脉冲的高度取决于电子-空穴对数目。电流脉冲经过主放大器转换成电压脉冲进入多道脉冲高度分析器。脉冲高度分析器按高度把脉冲分类进行计数。输出数据的横轴为脉冲高度,取决于入射光子的能量,这与元素的种类有关;纵轴为脉冲计数,即入射光子的数目,与元素的含量有关。这样就得到 X 射线强度按照其能量大小的分布,用来分析元素的种类和含量。锂漂移硅探测器需要液氮制冷,在使用时有所不便。

硅漂移探测器的核心是高纯硅片,顶面中心区域有场效应管,周围有环形阳极。当 X 射线入射到晶体内部会产生电子空穴对,在电场的作用下,电子向阳极漂移,送到顶部的场效应管,实现电荷脉冲的放大,输出电压脉冲,然后被送入放大器处理,实现 X 射线的收集。硅漂移探测器(SDD)相对锂漂移硅探测器,能够提供更高的灵敏度和能量分辨率以及更快的采集速度,而且不需要液氮制冷,只需要用电制冷的方式到 $-20{}^{\circ}\mathrm{C}$ 即可工作,因此,SDD探测器在扫描电镜上的应用越来越广泛。

5.5.5　真空系统和试样室

在电子显微镜中,入射的是电子信号,检测的也是电子信号,在电子运动过程中不能与空气分子相碰撞,因此,入射电子和出射电子运动的整个路径,包括电子枪和试样室在内,都需要保持在真空条件下才能保证电镜的正常工作。

试样室中的主要部件是试样台,试样台能够三维移动、转动和倾斜,还能安装加热和冷却装置,为试样提供所需要的测试温度环境。

5.6　电磁透镜成像质量

电磁透镜有着与光学透镜类似的作用和特点,除了能对电子束有聚焦和放大的作用外,也有着其余的光学特征。电磁透镜所成的像与理想像点会不同,这些误差都统称为像差,主要包括球面像差、像散和色差。

5.6.1 球面像差

第1章我们提到光学透镜球面像差的概念,是由于透镜各部分折射率不同造成。在电磁透镜中球面像差也是类似的原因所致。电磁透镜中,近轴区域磁场对电子的折射能力弱,而远轴区域对电子的折射能力强。轴上的物点散射的电子束,经过电磁透镜折射后到达像平面本应该形成一个对应的像点,但实际上近轴电子和远轴电子并没有聚焦到一个点上,从而产生球面像差。近轴焦点和远轴焦点之间有一个像平面,焦斑最小,最清晰,称为像点,设其半径为 R_0,用像点半径除以放大倍数,将这个误差折算到物点上,得到物点半径为 Δr_0,用它来表示球差的大小,如式(5.16):

$$\Delta r_0 = \frac{1}{4} C_s \alpha^3 \tag{5.16}$$

式中,C_s 为球差系数,α 为孔径半角。从式中看出,减小球差系数和孔径半角可以减小球差的大小。球差是影响透镜的主要像差。

5.6.2 色差

色差是由于成像电子的能量不同,电子在透镜磁场中运动速度不同造成的。电磁透镜的焦距与电子速度成正比,波长较长的低速电子聚焦在前面,波长较短的高速电子聚焦在后面,两个焦点之间有一个最小半径的像点。同样,将其折算到物平面,得到物点的半径为 Δr_e,用它表示色差,满足以下关系:

$$\Delta r_e = C_e \alpha \left| \frac{\Delta E}{E} \right| \tag{5.17}$$

式中,C_e 为色差系数;α 为孔径半角;$\frac{\Delta E}{E}$ 为电子能量的波动。能量波动是由于加速电压不稳、电子通过试样时造成的能量损失以及透镜电流不稳定等因素造成的。为了降低色差,必须提高电子的加速电压的稳定性和透镜电流的稳定性。色差系数与电磁透镜的磁场大小有关,磁场强度越大,色差系数越小。减小孔径半角、降低电子能量的发散度均能够减小色差。

5.6.3 像散

像散是由于透镜磁场的非旋转对称所引起的像差。透镜加工的误差会引起磁场产生椭圆度。椭圆磁场长轴和短轴上的聚焦能力会存在差异。物点通过透镜折射后不能在像平面上聚焦成一个点,同样,在长轴焦点和短轴焦点之间有一个最佳聚焦位置,此处像平面上得到一个最小像点,半径为 R_A,折算到物平面上得到一个半径为 Δr_A 的圆斑,用它来表示像散的大小,其公式为式(5.18):

$$\Delta r_A = \Delta f_A \alpha \tag{5.18}$$

式中,Δf_A 为像散系数,等于磁透镜出现椭圆度时造成的焦距差;α 为孔径半角。从式中看出,减小磁透镜尺寸的加工误差和孔径半角能够减小色差。

5.6.4 衍射差

由于电子的波动性和物镜的光阑会引起电子束的衍射效应。衍射会造成几何物点在像平面上的一个强度分布,产生一个弥散的圆斑,半径为 ΔR_f,满足以下关系:

$$\Delta R_f = \frac{1.22\lambda}{\alpha} \tag{5.19}$$

从式(5.19)看出,λ 越小,α 越大,衍射差越小。

5.7 图像的分辨率及其影响因素

图像分辨率是扫描电镜的主要特征之一,指的是在指定情况下拍摄的图像上测量两亮区之间的暗间隙宽度除以总放大倍数的最小值。扫描电镜中,图像分辨率的直接因素是最终照射到试样上的电子束斑的直径,因此,取决于电子枪出射电子束斑的直径以及电磁透镜的成像质量。下面考察一下电子束斑直径的影响因素。

从上面的讨论中,我们知道电子束斑的大小与磁透镜的成像质量非常相关。球差、色差、像散和衍射效应都会影响最终到达试样的电子束斑直径 d,如式(5.20):

$$d^2 = d_0^2 + d_s^2 + d_e^2 + d_f^2 \tag{5.20}$$

式中,$d_0 = \frac{2}{\pi}\sqrt{\frac{I_c}{\beta}}\frac{1}{\alpha}$;$d_s = \frac{1}{2}C_s\alpha^3$;$d_e = 2C_e\alpha\left|\frac{\Delta E}{E}\right|$;$d_f = 1.22\times10^{-8}\sqrt{\frac{150}{U}}\frac{1}{\alpha}$;$d_0$ 为电子束的高斯直径。d_s 由于球差所造成的电子束散漫圆斑直径;d_e 是由于色差所造成的电子束散漫圆斑直径;d_f 是由于电子衍射效应所造成的电子束散漫圆斑直径;I_c 是满足信噪比所要求电子束流强度的下限值;β 是电子枪的亮度;α 是电子束的孔径半角;U 是电子束的加速电压;C_s 为透镜的球差系数;C_e 为透镜的色差系数。从式(5.20)中看出,电子束斑直径是由电子枪的亮度、电子束的加速电压、电子束的孔径半角、透镜的球差系数和色差系数共同决定。

从式(5.20)看出,一定束斑电流条件下,以下途径可以提高分辨率:

(1) 采用小的工作距离,有利于减小高斯直径,减小球差系数和色差系数。

(2) 采用高的加速电压,提高电子束的亮度,在相同强度下实现更小的束斑尺寸。

(3) 采用低功函数的电子枪发射材料,或者采用场发射电子电子枪,以提高电子束斑的亮度。

(4) 采用小的物镜光阑,减小球差、色差所带来的像差。

扫描电镜的电子光学系统能够实现电子束斑直径的可调。确定一个电子束斑尺寸需要确定加速电压、束流和电子束斑孔径角的大小。电镜电子光学系统的控制就是要改变电子束的这些参数,从而实现不同电子束斑的大小和不同的观察模式,用扫描电镜得到更丰富的试样信息。

5.8 扫描电镜的使用

现代扫描电镜样品制备较为简单,设备自动化程度高,大部分由电脑控制,操作起来很便捷。使用者将样品放入样品室中,抽真空后,进行观察条件的选择,包括加高压、调亮度对比度、调焦距和选择放大倍数等步骤,最后拍照后存储图片。虽然整个过程看起来简单,但是为了得到满意的图片,在使用前,需要了解设备的原理、参数设置、每个操作步骤的目的及其关键注意事项。

5.8.1　样品的制备

扫描电镜的样品可以是薄膜、块体或者粉末,在真空中必须保持稳定,含水分的样品需要烘干。新的断口和断面,可以无需处理,以免破坏断口的状态。块状样品制备简单,导电的样品可以直接用导电胶粘在样品台上。非导电或者导电性差的样品,需要先镀上一层导电膜,然后再进行电镜观察

5.8.2　重要操作步骤

1. 加速电压的选择

加速电压越高,电子的能量越高,波长越短,电子束流越大,有利于提高分辨率、信噪比和衬度反差。当高倍观察时,由于样品上的扫描区域小,二次电子的总量会小,如果采用高的加速电压,可以提高二次电子的发射率。但是,高的加速电压也带来一些问题。加速电压大,电子束能量高,其穿透样品较深,因此,得不到样品真实的表面信息。对于对温度敏感的样品,如有机材料、生物样品等,可能会导致很大热损伤而无法观察到真实的表面形貌。对于导电性不好的样品,高的加速电压更容易在表面积累电荷造成荷电效应,影响观察结果,即使喷涂导电层也存在放电现象。有些不导电样品,如果喷涂导电层将会影响观察真实的形貌。高能电子还可能会在细节边缘产生大量的二次电子,边缘过亮,产生严重的边缘效应。以上几种情况下,需要在低电压下观察样品。这就要求使用者充分考虑到这些因素,选择合适的加速电压。

2. 聚光镜电流的选择

调节聚光镜电流可以改变电子束直径的大小。聚光镜励磁电流越大,电子束直径就越小,分辨率提高,景深增加,但是,由于直径小,二次电子的信号强度也会小,图像的亮度不够,噪声会增加,信噪比下降,清晰度下降。束斑直径增大,会降低分辨率,过大的束流还会使边缘效应增加,不利于观察。要获得最佳的图像质量,必须兼顾分辨率和二次电子信号强度二者之间的平衡,还要考虑边缘效应、亮度、衬度反差等问题,选择合适的聚光镜电流。

3. 工作距离

工作距离是指物镜光阑到样品表面的距离。工作距离越大,相当于物镜的缩小倍数越小,照射到样品上的束斑尺寸越大,分辨率将会下降,但是工作距离大意味着孔径角减小,这将会使景深增加。工作距离变小,会使电子束斑的直径越小,分辨率会随之增加,但是孔径角的增加会使得景深变差。通常工作距离可在 2～45mm 可调,要求高分辨率时采用 5mm 以下,要求加深景深时采用 30mm 以上。除此特殊要求之外,常用的工作距离为 25～35mm。观察样品时,需要兼顾景深和分辨率,根据实际要求,选择合适的工作距离。

4. 物镜光阑的选择

电子束通过最后一级物镜和光阑之后照射到样品上。通过调整光阑的孔径,可以有效地吸收杂散电子、减小球差,从而得到好的图像。光阑孔径越小,电子束斑直径越小,分辨率越高,景深越大,但是信号减小,信噪比降低。相反,光阑孔径越大,电子束斑直径越大,分辨率降低,景深减小。所以,使用者也需要权衡多方面因素选择最佳的物镜光阑孔径。一般来说,5000 倍的放大倍数可以用 $300\mu m$ 孔径的光阑,10000 倍以上需要用 $200\mu m$ 孔径的光阑,高分辨率时则要用 $100\mu m$ 孔径的光阑。

5. 调焦距消像散

在电子光学系统中的磁场或静电场不能满足轴对称的要求时,就会产生像散。像散的特征是在过焦和欠焦时图像细节在互为 $90°$ 方向上拉长。消像散需要调整消像散器,方法是利用调焦钮找出像散最大时的两个位置,将调焦钮置于中间位置,然后反复调消像散钮,直至图像最清楚为止。

5.8.3 电子光学系统合轴

电子束进入电磁透镜系统,经过聚光镜及物镜照射到样品上。只有电子束与电子光学系统的中心同轴时才能获得最大亮度,即电子束对中。电子束对中包括电子枪合轴和物镜光阑合轴两个过程。

1. 电子枪合轴

灯丝在使用一段时间后,灯丝可能会有轻微变形,灯丝尖端会相对栅极孔发生偏转,这就需要进行电子枪合轴。电子枪合轴可通过调整电子枪上的合轴螺栓和电磁对中线圈的电流来调整电子束的方向。

2. 物镜光阑合轴

物镜光阑合轴情况不好时,在调焦距过程中,图像会发生横向漂移。调整物镜光阑螺栓来微调物镜光阑位置,直至在调焦时图像不漂移为止。每次改变物镜光阑孔径及聚光镜电流时都应进行物镜光阑合轴。

5.9 实验部分

5.9.1 实验目的

(1) 了解扫描电镜的工作原理。
(2) 清楚扫描电镜的结构和重要组成部分。
(3) 掌握扫描电镜的重要操作规程。
(4) 明确操作过程中重要的参数设置要求。

5.9.2 实验内容

（1）用扫描电镜观察出表面凹凸不平的铸造铝合金等金属样品断口的形貌。
（2）用扫描电镜分别观察黄铜金属片导电样品和聚苯乙烯球等不导电样品的形貌。
（3）根据能谱仪给出的结果，确定元素的种类和含量。

5.9.3 实验报告要求

（1）阐述扫描电镜的重要工作原理。
（2）记录扫描电镜的操作过程。
（3）叙述重要参数设置的原理和过程。
（4）分析能谱仪测试出的结果。
（5）拍出亮度、对比度和信噪比等都满意的图像。

5.9.4 思考题

（1）光学显微镜和电子显微镜有什么本质上的区别？
（2）电子束与物质相互作用的过程中，应用到扫描电镜原理中的有哪些？
（3）能谱仪为什么能够分析元素种类并能够定量分析？
（4）扫描电镜的分辨率由什么因素决定？照片衬度由什么因素决定？
（5）如何保证照片的质量？
（6）如何选择拍摄二次电子像还是背散射像？

5.9.5 拓展实验

制备不锈钢断口、黄铜金属片、聚苯乙烯球扫描电镜样品，选取合适参数，分别拍出样品亮度、对比度和信噪比等都满意的图像。

参考文献

[1] 洪班德,崔约贤.材料电子显微分析实验技术[M].哈尔滨:哈尔滨工业大学出版社,1990.
[2] 杨平.电子背散射衍射技术及其应用[M].北京:冶金工业出版社,2013.
[3] 任颂赞,叶俭,陈德华.金相分析原理及技术[M].上海:上海科学技术文献出版社,2013.
[4] 任颂赞,张静江,陈质如,等.钢铁金相图谱[M].上海:上海科学技术出版社,2003.

第6章

X射线衍射分析

6.1 引言

X射线衍射分析法是研究物质的物相和晶体结构的主要方法,当物质(晶体或非晶体)进行衍射分析时,该物质被X射线照射产生不同程度的衍射现象,物质组成、晶型、分子内成键方式、分子的构型、构象等决定该物质产生特有的衍射图谱。X射线衍射方法和其他种测量方法相比,不损伤样品、无污染、快捷、测量精度高、能得到晶体完整性的大量信息。因此,X射线衍射分析法作为材料结构和成分分析的一种现代科学方法,在研究和生产中具有广泛的应用。

6.2 X射线衍射仪的原理

1895年德国物理学家伦琴(W. C. Röntgen)在研究阴极射线时,发现了X射线。X射线的本质是一种电磁波,波长很短(为0.01~100Å),与晶体内呈周期排列的原子间距约为同一数量级。X射线能使荧光物质发光、照相乳胶感光、气体电离,沿直线传播,经过电场或磁场时不发生偏转,能穿透一定厚度的物质。

X射线为研究晶体的精细结构提供了新方法:可以利用X射线在结构已知的晶体中产生的衍射现象来测定X射线的波长;反过来,也可以利用已知波长的X射线在晶体中的衍射现象对晶体结构以及与晶体结构有关的各种问题进行研究。1912年德国物理学家劳厄提出一个重要的科学预见:晶体可以作为X射线的空间衍射光栅,即当一束X射线通过晶体时将发生衍射,衍射叠加的结果使射线的强度在某些方向上加强,在其他方向上减弱。分析在照相底片上得到的衍射花样,便可确定晶体结构。这一预见随即为实验所验证。在劳厄实验的基础上,1913年英国物理学家布拉格父子成功地测定了NaCl、KCl等晶体结构,并提出了作为晶体衍射基础的著名公式——布拉格定律:

$$2d\sin\theta = n\lambda \tag{6.1}$$

式中,n 为整数,称为反射级数;λ 为 X 射线的波长;θ 为入射线或反射线与反射面的夹角,称为掠射角,它等于入射线与衍射线夹角的一半,故又称为半衍射角,2θ 称为衍射角。

当 X 射线以掠射角 θ 入射到某一点阵平面距离为 d 的原子面上时,如图 6.1 所示,在符合上式的条件下,将在反射方向上得到因叠加而加强的衍射线。

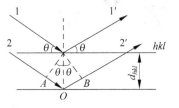

图 6.1   布拉格反射

布拉格定律简洁直观地表达了衍射所必须满足的条件。因此,当波长为 λ 单色 X 射线以一定的入射角向粉晶时,无规则排列的粉晶中总会有许多小晶粒中某些面处于满足布拉格方程的位置,从而产生衍射线。采用辐射探测器以一定的角度绕样品旋转,则可接收到粉晶中不同面网、不同取向的全部衍射线,获得相应的衍射谱图。

已知波长 λ,测出 θ 后,利用布拉格公式即可确定点阵平面间距、晶胞大小和类型;根据衍射线的强度,还可进一步确定晶胞内原子的排布,这便是 X 射线结构分析中的粉末法或德拜-谢乐法的理论基础。

6.3   X 射线衍射技术在材料分析中的应用

通过 X 射线衍射原理可知,物质的 X 射线衍射图样与物质内部的晶体结构有关。每种结晶物质都有其特定的结构参数(包括晶体结构类型,晶胞大小,晶胞中原子、离子或分子的位置和数目等)。因此,没有两种不同的结晶物质会给出完全相同的衍射图样。通过分析待测试样的 X 射线衍射图样,不仅可以知道物质的化学成分,还能知道它们的存在状态,即能知道某元素是以单质存在或者以化合物、混合物及同素异构体存在。同时根据 X 射线衍射实验还可以进行结晶物质的定量分析、晶粒大小的测量和晶粒的取向分析。目前,X 射线衍射技术已经广泛应用于各个领域的材料分析与研究工作中。

6.3.1   物相分析

晶体的 X 射线衍射分析图像实质上晶体微观结构的一种精细复杂的变换,每种晶体的结构与 X 射线衍射图之间都有着一一对应的关系,其特征 X 射线衍射图谱不会因为多种物质混聚在一起而产生变化,这就是 X 射线衍射物相分析方法的依据。制备各种标准单相物质的衍射图样并使之规范化,将待分析物质的衍射图样与标准衍射图样对照,即可确定物质的组成相,这是物相定性分析的基本方法。鉴定出各个相后,根据各相图样的强度正比于各组分存在的量(需要做吸收校正者除外),就可对各种组分进行定量分析。目前常用衍射仪法得到衍射图谱,用粉末衍射标准联合会(JCPDS)负责编辑出版的"粉末衍射卡片(PDF 卡片)"进行物相分析。

6.3.2   X 射线衍射仪的基本组成

X 射线衍射仪是按晶体对 X 射线的几何原理设计制造的衍射实验仪器。在测试中,由

X射线管发射出的 X 射线照射到试样上产生衍射现象,用辐射探测器接受衍射线的 X 射线光子,经测量电路放大处理后在显示或记录装置上给出精确的衍射线位置、强度和线形等衍射信息。

1912 年布拉格(W. H. Brag)最先使用了电离室探测 X 射线衍射信息的装置,此即最原始的 X 射线衍射仪。近代 X 射线衍射仪是 1943 年在弗里德曼(H. Fridman)的设计基础上制造的。在 20 世纪 50 年代 X 射线衍射仪得到了普及应用。随着科学技术的迅速发展,促使现代电子学、集成电路、电子计算机和工业电视等先进技术进一步与 X 射线衍射技术结合,使 X 射线衍射仪向强光源、高稳定、高分辨、多功能、全自动的联合组机方向发展,可以自动地给出大多数衍射实验工作的结果。

X 射线衍射仪的基本结构示意图如图 6.2 所示,其基本结构包括:X 射线管、高压变压器、测角仪、计数器、脉冲高级分析器、计算机等。

测角仪是 X 射线衍射仪的核心组成部分。在衍射仪上配备各种不同功能的测角仪和硬附件,并与相应的控制和计算软件配合,便可执行各种特殊功能的衍射实验。例如,四圆角单晶衍射仪、微区衍射测角仪、小角散射测角仪、织构测角仪、应力分析测角仪、薄膜衍射附件、高温衍射和低温衍射附件等。

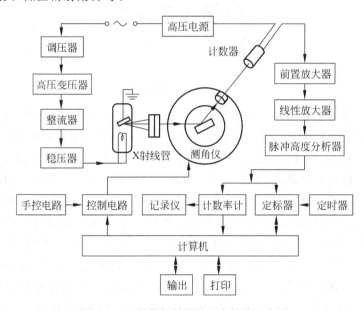

图 6.2　X 射线衍射仪的基本结构示意图

测角仪的结构示意图如图 6.3 所示,试样台位于测角仪中心,试样台的中心轴 ON 与测角仪的中心轴 O 垂直。试样台既可以绕测角仪中心轴转动,又可以绕自身的中心轴转动。在试样台上装好试样后,要求试样表面严格地与测角仪中心轴重合。入射线从 X 射线管焦点 F 发出,经入射束光阑 S_1、H 片投射到试样表面产生衍射,衍射线经衍射束光阑系统 M、S_2、G 进入计数器 D。X 射线管焦点 F 和接收光阑 G 位于同一圆周上,把这个圆周称为测角仪圆,测角仪圆所在的平面称为测角仪平面。试样台和计数器分别固定在两个同轴的圆盘上,由两个步进马达驱动。在衍射测量时,试样绕测角仪中心轴转动,不断地改变入射线与试样表面的夹角 θ,与此同时计数器沿测角仪圆运动,接受各衍射角 2θ 所对应的衍射强度。根据需要,θ 角和 2θ 角可以单独驱动,也可以自动匹配,使 θ 和 2θ 角以 $1:2$ 的角速度联合驱动。测角仪的扫描范围:正向(逆时针 $0°$ 以上)2θ 角可达 $165°$;负向(顺时针 $0°$ 以下)2θ 可达 $-100°$,2θ 测量的准确性精度为 $0.01°$,重复性精度为 $0.001°$。

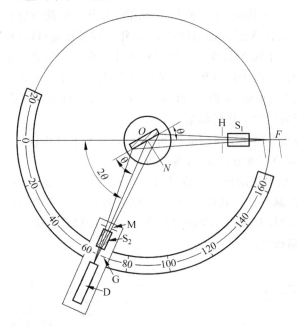

图 6.3　测角仪的结构示意图

测角仪的光路布置如图 6.4 所示。测角仪要求与 X 射线管的线焦斑联接使用,线焦斑的长边与测角仪中心轴平行。使用线焦斑可使较多的入射线能量投射到试样。但在这种情况,如果只采用通常的狭缝光阑便无法控制沿长边方向的发散度,从而造成衍射环宽度的不均匀性。为了排除这种现象,在测角仪光路中采用由狭缝光阑(H,M)和梭拉光阑(S_1,S_2)组成的联合光阑系统,梭拉光阑可将光束沿测角仪轴向的发散度控制在 $2°$ 左右。发散狭缝光阑 H 可控制入射线的能量和发散度,由此也就限定了入射线在试样上的照射面积。例如,对热焦斑尺寸为 $1\times10\,\text{mm}^2$(有效投射焦斑为 $0.1\times10\,\text{mm}^2$)的 X 射线管,当选用 $1°$ 的发散狭缝光阑,$2\theta=18°$ 时,试样被照射宽度为 $20\,\text{mm}$,被照射面积为 $20\times10\,\text{mm}^2$。随着 2θ 增大,被照射的宽度(或面积)减小。防散射狭缝光阑 M 的作用是挡住衍射线以外的寄生散射,它的宽度应稍大于衍射束的宽度。接收狭缝光阑 G 是用来控制衍射线进入计数器的能量,它的大小可改变所能测得的衍射强度和角分辨率。

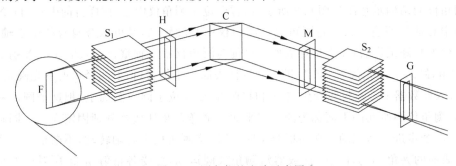

图 6.4　测角仪的光路示意图

　　为了消除衍射图样的背底,通常在衍射线光路上,安装弯曲晶体单色器,如图6.5所示。由试样产生的衍射线(一次衍射线)经光阑系统投射到单色器中的单晶体上,调整单晶体的方位使它的某个高原子密度晶面与一次衍射线的夹角刚好等于该晶面对 K_α 辐射的布拉格角。这样,由单色器衍射后发出的二次衍射线就是纯净的与试样衍射线对应的 K_α 衍射线。晶体单色既能消除 K_β 辐射,又能消除由连续X射线和荧光X射线产生的背底。但是,通常使用的由于试样和晶体单色器都能使衍射线偏振,因此当在衍射束上加入晶体单色器时,衍射强度的偏振因子 $(1+\cos^2 2\theta)/2$ 应改为 $(1+\cos^2 2\theta \cos^2 2\alpha)/2$。其中 2α 为晶体单色器的衍射角。

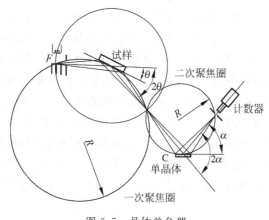

图6.5　晶体单色器

6.4　X射线衍射实验方法

6.4.1　样品的制备

　　一般X射线衍射仪都配有专用的塑料样品池、表面平整光滑的玻璃或铝制的样品板,板上开有窗孔或不穿透的凹槽,样品放入其中进行测试。

　　(1) 粉末样品的制备:粉末样品应有一定的粒度要求,颗粒大小在 $1\sim10\mu m$ 数量级,粉末需过 $200\sim325$ 目筛子。样品若为粗粒或不规则块状,则需粉碎,用玛瑙研钵将样品磨细至200目(过分样筛)。将样品均匀地洒入盲孔玻璃样品板内,比玻璃板略高,用玻璃片轻压,使样品足够紧密,要求压制完毕后表面光滑平整(压制时一般不加粘合剂),样品粘附在玻璃板上可立住且不会脱落,所加压力以使粉末样品粘牢为限,压力过大可能导致颗粒的择优取向。若是样品量较少,可将样品用无水乙醇分散后,滴在微量样品板上,待乙醇挥发后进行测试。

　　(2) 块状样品制备:需切割成合适的尺寸,磨光抛光观察面后,用橡皮泥或石蜡将其固定在窗孔内,其平整表面必须与样品板平齐,注意表面不能引入应变层。

　　(3) 特殊样品的制备:对于薄膜样品的底衬尺寸应小于通孔样品板的孔径,也可直接用胶带纸粘在样品板上测试。

6.4.2　实验参数选择

实验参数是影响实验精度、实验结果的重要因素,主要包括:靶材选择、测角仪的狭缝宽度和扫描速度、计数率仪的时间参数、计数量程、走纸速度等。要想得到一张显示物质精细变化的高质量衍射图,应根据不同的分析目的而使各种参数适当配合。

1. 阳极靶的选择

选择阳极靶时,尽可能避免靶材产生的特征 X 射线激发样品的荧光辐射,以降低衍射花样的背底,使图样清晰。因此需根据试样所含元素的种类来选择最适宜的特征 X 射线波长(靶)。当 X 射线的波长稍短于试样成分元素的吸收限时,试样强烈地吸收 X 射线,并激发产生成分元素的荧光 X 射线,背底增高,其结果是峰背比(信噪比)P/B 低(P 为峰强度,B 为背底强度),衍射图谱难以分清。X 射线衍射所能测定的 d 值范围,取决于所使用的特征 X 射线的波长。X 射线衍射所需测定的 d 值范围大都在 $0.1\sim1\mathrm{nm}$ 之间。为了使这一范围内的衍射峰易于分离而被检测,需要选择合适波长的特征 X 射线。一般测试使用 Cu 靶,但因 X 射线的波长与试样的吸收有关(表 6.1),可根据试样的种类分别选用 Co、Fe 或 Cr 靶。此外还可选用 Mo 靶,这是由于 Mo 靶的特征 X 射线波长较短,穿透能力强,如果希望在低角处得到高指数晶面衍射峰,或为了减少吸收的影响等,均可选用 Mo 靶。

表 6.1　靶材的使用范围

靶材	使　用　范　围
Cu	除了黑色金属试样以外的一般无机物、有机物
Co	黑色金属试样(强度高,背底也高,最好计数器与单色器连用)
Fe	黑色金属试样(缺点是靶的允许负荷小)
Cr	黑色金属试样(强度低,但 P/B 大),应力测定
Mo	测定钢铁试样或利用透射法测定吸收系数大试样
W	单晶的劳厄照相(也可以用 Mo 靶、Cu 靶,靶材原子序数越大,强度越高)

2. 管电压和管电流的选择

管电压一般设定为 $3\sim5$ 倍的靶材临界激发电压。管电流选择时功率不能超过 X 射线管额定功率,较低的管电流可以延长 X 射线管的寿命。X 射线管经常使用的负荷(管电压和管电流的乘积)为最大允许负荷的 80% 左右。但是,当管电压超过激发电压 5 倍以上时,强度增加速率下降。因此,在相同负荷下产生 X 射线时,在管电压约为激发电压 5 倍以内时要优先考虑管压,在更高的管压下其负荷可用电管流来调节。靶元素的原子序数越大,激发电压就越高。

3. 测角仪狭缝光阑的选择

狭缝的大小对衍射强度和分辨率都有影响。发散狭缝是用来限制入射线在测角仪平行方向上的发散角,它决定了入射线在试样上的照射面积和强度。选择发射狭缝时应以入射线的照射面积不超出试样的工作表面为原则。增大发散狭缝,虽可增加衍射线的强度,但 θ 角较小时,过大的狭缝将使光束照射到试样槽外的试样架上,这样反而使衍射强度下降,而且由试样架带来的背底强度升高。接收狭缝对衍射线峰的高度、峰背比及峰的积分宽度都有明显影响。增大接收狭缝,虽可增加衍射峰的强度,但也增加了背底强度,反而降低了峰背比和角分辨率,这对探测弱衍射线不利,故接收狭缝要依据工作因素、工作目的来选择。若要提高分辨率,则应选择较小的接收狭缝,若要测衍射强度,则应加大接收狭缝。防散射狭缝对衍射线,只影响峰背比,其他的选择通常与发散狭缝一致。

4. 测角仪的扫描速度

扫描速度是指计数管在测角仪圆上均匀转动的角速度。增大扫描速度,可节约测试时间,但会导致强度和分辨率下降,并使衍射峰的位置向扫描方向偏移,造成峰的不对称宽化。慢速扫描可使计数器在某衍射角度范围内停留的时间更长,接收的脉冲数目更多,使衍射数据更可靠,但需要花费较长的时间,对于精细的测量应采用慢扫描,在实际应用中可根据需要选用不同的扫描速度。在物相分析中常用的扫描速度为 $1°/min$ 或 $2°/min$。

步进扫描中用步宽来表示计数管每步扫描的角度,有多种方式表示扫描速度的快慢。

5. 时间常数和预置时间

连续扫描测量中采用的时间常数,是指计数率仪中脉冲平均电路对脉冲相应的快慢程度,是对衍射强度进行记录的时间间隔的长短。时间常数大脉冲相应慢,对脉冲电流具有较大的平整作用,不易辨出电流随时间变化的细节。因而,衍射峰的轮廓背底变得平滑,强度和分辨率下降,并使峰值向扫描方向偏移,造成衍射峰的不对称宽化。反之,时间常数小,能如实绘出计数脉冲到达速率的统计变化,易于分辨出电流随时间变化的细节,使弱峰易于分辨,衍射线性和衍射强度更加真实。一般物相分析中的时间常数为 $1\sim4s$。步进扫描中采用预置时间来表示定标器一步之内的计数时间,起着与时间常数类似的作用,也有多种可供选择的方式。

6. 计数量程

量程是指纪录纸满刻度时的计数强度。为获得适当大小的衍射峰,可通过计数量程对衍射强度进行适当地衰减调节。增大量程可使X射线记录强度衰减、不改变衍射峰的位置及宽度、使背底和峰形平滑,但却能掩盖弱峰使分辨率降低。若量程过小,会使衍射峰过高可能超出记录范围,衍射峰不完整。物相分析中,一般选量程×2,定标衰减×1。

7. 走纸速度和角放大

若要测量各 2θ 角度下衍射线强度的分布情况,则必须在计数管沿测角仪圆转动的同时,让自动记录仪中的记录纸做同步转动,此转动速度即为走纸速度。加快走纸速度,可以提高角度分辨率从而提高测量精度,但却有可能使弱的或弥散的衍射线淹没在背底之中。一般物相分析时,选走纸速度为 $300\sim400mm/h$。步进扫描中用角放大来代替纸速,大的角放大倍数可使衍射峰分得更开。

6.5　物相分析原理和方法

6.5.1　物相分析原理

任何一种结晶物质都有特定的晶体结构。在一定波长的 X 射线照射下,每种晶体物质都产生自己特有的衍射图样。每一种物质与它的衍射图样都是一一对应的,不可能两种物质给出完全相同的衍射图样。如果试样中存在两种以上不同结构的物质时,每种物质特有的衍射图样不变,多相试样的衍射图样只是由它所含各物质的衍射图样机械叠加而成。在进行物相分析时,为了便于对比和存储,通常用面间距 d 和相对强度 I 的数据组代表衍射图样:即用 d-I 数据组作为定性相分析的基本判据。其中又以 d 值为主要判据,I 为辅助判据。

6.5.2 物相定性分析的方法

将试样测得的 d-I 数据组(即衍射图样)与已知结构物质的标准 d-I 数据组(即标准衍射图样)进行对比,从而鉴定出试样中存在的物相,这种标准 d-I 数据组是由国际性组织粉末衍射标准联合委员会(JCPDS)编辑出版,将每种物质的衍射数据和它的晶体学参数一起制成 PDF 卡片,每张 PDF 卡片代表一种物相,标有自己的顺序号。卡片中的内容包括两个部分:①作为查寻依据的三强线 d-I 数值,以及衍射图样中各衍射线的 d-I 数据;②物相名称、化学式、晶体学参数、光学性质和实验条件等。由于结晶物质很多,卡片数量也多达几万张,为了便于查找,需要用索引来检索。由 JCPDS 编辑出版的 PDF 卡片检索手册有:《Hanawalt 无机物检索手册》(*Powder Diffraction File Search Manual Hanawalt Method Inorganic*),《有机相检索手册》(*Powder Diffraction File Organic Phases Search Manual Hanawalt Alphabetical Formulae*),《Fink 无机物索引》(*Fink inorganic Index To The Powder Diffraction File*),《矿物检索手册》(*Mineral Powder Diffraction File Search Chemical Name Hanawalt Fink Mineral Name*)等数种。

常用索引及使用方法如下:

1. Hanawalt 索引

Hanawalt 索引是一种按 d 值编排的数字索引。每一个标准衍射图样以 8 条最强线的 d 值和相对强度来表征。8 条线的 d 值按强度递减的顺序排列。前 3 条在 $2\theta < 90°$ 范围内。每条线的相对强度标在 d 值的右下角,用 x 代表强度为 10,"2.09_x,2.55_9,1.60_8"表示当 d 值为 2.09 的晶面的衍射强度为 100% 时,d 值为 2.55 的晶面衍射强度为 90%,d 值为 1.60 的晶面的衍射强度为 80%。标准衍射图样的编排次序,由 8 条线中第一个、第二个 d 值决定。整个索引按适当的间隔分成 51 个 Hanawalt 组,第一条线的 d 值落在哪个组就编在哪个组,编排的顺序则按第二个 d 值大小依次排列。

对检测样品作卡片检索时,首先在检测样品的衍射图样中选出 8 条最强线,并按其相对强度递减的顺序排列,其中前 3 条应是 $2\theta < 90°$ 的最强线。然后以所列第一个 d 值为准,在索引中找到 Hanawalt 组,再在该组内第二纵列找出与第二个 d 值相等的数值,并对比其余 6 个 d 值是否相符。若 8 个 d 值都相等,强度也基本吻合,则该行所列卡号即为所查检测样品的卡片。若查不到所需卡片号,可将前 3 条强线的 d 值轮番排列,再用同样的方法查找,必可在某一处查到卡片号。

2. Fink 索引

Fink 索引也是一种按 d 值编排的数字索引,每一衍射花样均以 8 条强线的 d 值来表征。8 条线按 d 值递减的顺序排列。Fink 索引中有 101 个 Fink 组,标准图样的第一个 d 值落在那个组,它就编排在哪个组,同一组按第二个 d 值大小顺序排列。对检测样品做卡片检索时,首先选出 8 条最强线,把最强线放第一,按 d 值递减顺序排列。与 Hanawalt 索引一样,根据第一个 d 值找到 Fink 组,根据第二个 d 值找标准图样所在的行并对比其余 6 个 d 查找,直到 8 个 d 值全部吻合,该行所列卡片号即为检测样品的卡片号。

6.6　实验部分

6.6.1　实验目的

(1) 了解 X 射线衍射仪构造和原理。
(2) 掌握 X 射线衍射仪分析样品的基本制样方法。
(3) 掌握 X 射线衍射物相定性分析的方法和步骤。
(4) 给定实验样品,设计实验方案,做出正确分析鉴定结果。

6.6.2　实验内容

(1) 学习 X 射线衍射仪构造和原理及操作方法。
(2) 制作标准分析样品。
(3) 测试退火态 45 钢和淬火态 45 钢,并进行物相分析。

6.6.3　实验报告要求

(1) 简述 X 射线衍射仪的构造和原理及操作过程。
(2) 对退火态 45 钢和淬火态 45 钢的衍射图进行物相分析。

6.6.4　思考题

(1) 衍射仪的基本组成部分和工作原理是什么?
(2) 那些实验条件可使测量的衍射线峰位更准确?
(3) 混合物相的某些衍射峰线可能重叠,在分析鉴定物相过程中如何鉴别衍射线重叠。

6.6.5　拓展实验

以古钱币(如清币乾隆通宝、康熙通宝等)作为研究对象,进行物相分析,与成分分析相结合,鉴别古币真假。

参考文献

[1]　王富耻.材料现代分析测试方法[M].北京：北京理工大学出版社,2013.

[2]　潘春旭.材料物理与化学实验教程[M].长沙：中南大学出版社,2008.

[3]　赵峰.金属材料检测技术[M].长沙：中南大学出版社,2010.

第二篇　综合性实验

第 **7** 章

晶体结晶过程观察与凝固条件对金属铸锭组织的影响

7.1　引言

金属及合金的晶粒大小、形状和分布与冷却条件、合金成分及其加工过程有关。实际生产中,铸锭不可能在整个截面上均匀冷却并同时开始凝固。因此,铸锭凝固后的组织一般是不均匀的,这种不均匀性将引起金属材料性能的差异。

由液态凝固形成晶体的过程叫结晶。盐的结晶、金属的结晶以及金属在固态下的重结晶都遵循生核和长大的规律。因为临界晶核的尺寸很小,不能用肉眼观察,但可以在实验中观察正在长大的晶粒。金属和盐类最常见到的是树枝状晶体。可以通过直接观察透明盐类(如氯化铵等)的结晶过程可以了解树枝状晶体的形成过程。

7.2　盐类结晶过程观察

在玻璃片上滴上近饱和的氯化铵溶液,用正置显微镜观察结晶过程,随着液体的蒸发,溶液逐渐变浓达到饱和。在液滴边缘处液体最薄,蒸发最快,结晶过程将从边缘开始向内扩展。

结晶的第一阶段是在最外层形成一圈细小的等轴晶体;第二阶段是形成柱状晶,生长方向是伸向液滴的中心(液滴由外到内蒸发缓慢),最外层的细小等轴晶只有少数的位向有利于向中心生长,因此形成了较粗大的有方向性的柱状晶;第三阶段是在液滴的中心部分形成不同位向的等轴枝晶。在第三阶段时,液滴中心液体也变薄,蒸发较快,同时没有液体补给,因此可以看到明显的枝晶组织。如图 7.1、图 7.2、图 7.3 所示为氯化铵盐结晶的形成的细小的等轴晶、粗大的柱状晶和等轴枝晶。

图 7.1   细小等轴晶与粗大柱状晶

图 7.2   柱状晶

图 7.3   溶液中部的等轴枝晶

7.3　铸锭组织

盐液滴由于蒸发而进行的结晶过程及所得的结晶组织与铸锭的结晶过程和组织很相似。

金属铸锭横断面的宏观组织，一般是由三个晶区组成。由外向内依次分布为细晶粒区（外壳层）、柱状晶粒区和中心等轴晶粒区。

细晶区是铸锭的外壳层，由细小晶粒（枝晶）组成。把液体金属浇铸入铸型，结晶刚开始时，由于铸型温度较低，形成较大的过冷度，同时模壁与金属产生摩擦及液体金属的激烈骚动，于是靠近型壁大量形核，而且由于型壁不是光滑的镜面，晶粒长大时，各枝晶主轴很快彼此相互接触，使晶粒不能继续长大，所以晶粒的尺寸不大，既形成细晶粒区。图 7.4(a)为液体金属和铸型边界上结晶开始的示意图。

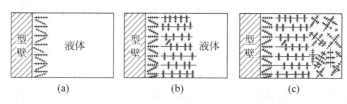

图 7.4　在液体金属和铸型边界上结晶意图
(a) 开始结晶；(b) 柱状晶粒形成；(c) 中心等轴晶粒形成

第二晶区是柱状晶区。液态金属与铸型接触处的型壁剧烈的过冷是在液体金属和铸型的分界面上生成很多小晶粒的原因，其中过冷与经过铸型强烈的传热有关，随着外壳层的形成，铸型变热，对液态金属的冷却作用减缓。这时只有处于结晶前沿的一层液态金属才是过冷的。这个区域可以进行结晶，但一般不会产生新的晶核，而是以外壳层内壁上原有晶粒为基础进行长大。同时，由于散热是沿着垂直于模壁的方向进行，而结晶时每个晶粒的成长又受到四周正在成长的晶体的限制，因而结晶只能沿着垂直于模壁的方向由外向里生长，结果形成彼此平行的柱状晶区(图 7.4(b))。如果模壁的散热较快，已结晶的金属导热性较好，液态金属始终能保持较大的内外温度梯度和方向性散热，柱状晶能一直长大到铸锭中心，形成穿晶组织。

在纯金属中，晶体的长大速度是很快的，如果结晶前沿液态金属的过冷与柱状晶的长大速度相适应，则柱状晶一直能生长到铸锭的中心，直到与对边的柱状晶相碰为止。这种铸锭组织称为穿晶组织。

柱状晶区各晶粒朝中心液体生长时，由于其他方向的长大都受到阻碍，使树枝晶得不到充分的发展，树枝的分枝很少，因此结晶后的显微缩孔少，组织较致密。但是由于柱状晶较粗大，因而较脆，并且方向一致，引起热加工困难。

柱状晶除对热加工有不良影响外，对不进行热加工的铸件也是不利的。当柱状晶较发达时，将使铸件在性能上呈现方向性。

第三晶区是铸锭的中心部分，随着柱状晶的发展，模壁温度进一步升高，散热越来越慢，而生长着的柱状晶前沿的温度又由于结晶潜热的放出而有所升高。这样整个截面的温度逐渐变为均匀。当剩余液态金属都过冷到熔点以下时，就会在整个残留的液态金属中同时出现晶核而进行结晶。在铸锭中心散热已无方向性,形成的晶核向四周各个方向自由生长,从而形成许多位向不同的等轴晶粒。在这种情况下由于冷却较慢,过冷度不大,形成的晶核也不会很多,所以铸锭的中心区就形成了比较粗大的等轴晶粒区,如图 7.4(c)所示。

等轴晶与柱状晶相比,因各枝晶彼此嵌入,结合得比较牢固,铸锭易于进行压力加工,铸件性能不显方向性。其缺点是因树枝晶较发达,分枝较多,显微缩孔增多,使结晶后的组织不够致密,因此重要工件在进行锻压时应设法将中心压实。

7.4　影响柱状晶区和等轴晶区生长的因素

如果在浇注过程中进行变质处理,加入变质剂作为人工晶核,或采取振动、搅拌等措施,可以使整个铸锭全部由均匀的细晶粒组成,所以铝合金或铸铁浇注时常采用变质处理措施以获得细晶粒组织,提高铸件的强度、塑性、韧性;如果在浇注过程中采取定向散热措施,可以使整个铸锭(或铸件)均由柱状晶组成,如耐热合金铸造涡轮叶片时采用定向凝固方法,使整个叶片由平行于其长度方向的柱状晶组成,提高了叶片的蠕变抗力。

铸锭是液体金属在不同材料的铸型中或者同样材料不同厚度的铸型中冷却后得到的。液体的浇铸温度和铸型的温度对铸锭宏观组织的有很大的影响。

冷却速度越快或铸模内外温差越大,则越有利于柱状晶的发展。如改变模壁材料,就改变了金属的冷却条件。金属模可以比砂模获得更大的柱状晶区,如图 7.5(a)、(b)所示。如果将模具预热,其实就是降低了冷却速度,预热温度越高,等轴晶区就越大如图 7.6(a)所示。在液体金属中加入细化剂时,也扩大了等轴晶区,如图 7.6(b)所示。

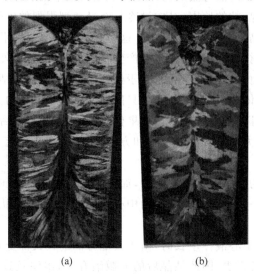

(a)　　　　　　　(b)

图 7.5　700℃冷金属模和冷砂模浇注的铝锭组织
(a) 金属模浇注;(b) 冷砂模浇注

获得柱状晶粒的因素有

(1) 金属在熔化温度以上过热较大并使液体的浇铸温度增高。

(2) 采用传热系数高,导热快的铸型(如金属型和水冷却的铸型等)。

(a)　　　　　　　　　　　　(b)

图 7.6　700℃热金属模和冷金属模并添加 Si 粉浇注的铝锭组织

(a) 热金属模浇注；(b) 冷金属模并添加 Si 粉浇注

(3) 液体金属在铸型内静止冷却(在冷却时没有搅拌振动等因素)。

获得等轴晶粒组织的因素有

(1) 液体金属过热不大,浇注温度较熔化温度高出不多。

(2) 在冷却过程中搅拌铸型中的液体金属。

(3) 使用容量和导热系数小的铸型(如陶瓷型或砂土型)使其缓慢冷却或均匀散热。

(4) 液体金属中有难熔杂质的存在。

(5) 加入细化剂。

7.5　实验部分

7.5.1　实验目的

(1) 观察盐类结晶过程。

(2) 研究凝固条件对纯铝铸锭组织的影响。

7.5.2　实验内容

1. 实验设备及材料

设备及材料包括正置显微镜、玻璃棒、载玻片、电阻加热炉、坩埚、薄(厚)壁铸铁模具、石墨模具、锯、粗砂纸、纯铝块、变质剂、显示铝铸锭宏观组织的浸蚀剂($CuCl_2$水溶液或其他腐蚀剂)、氯化铵。

2. 铸锭试样的制备

（1）查阅相关文献，选取铝锭合适的浇注温度。

（2）以组为单位，每人设计一种凝固条件，制备出试样后，相互比较实验结果。

（3）制备方法参考：

① 把纯铝块放在坩埚中，使其在电炉内熔化，液体铝的温度达到 720～900℃熔化后取出浇铸，浇铸条件记录在表 7.1 中。

表 7.1　纯铝锭的浇铸凝固条件

试样编号	1	2	3	4	5
浇铸温度/℃					
铸模材料					
其他条件					

② 用钳子从炉中取出坩埚浇铸入模具中，当铸型中的液体金属凝固后，冷却数分钟，用钳子取出铸锭。

③ 用桌钳将铸锭固定，用锯将铸锭从中间剖开。

④ 用锯锯开的铸锭制备宏观试样，步骤为：A. 将试样用粗砂纸磨光；B. 用适当的浸蚀剂（$CuCl_2$水溶液）浸蚀，浸蚀后及时用水冲洗并吹干。

（4）宏观组织的观察并照相。观察铝铸锭的晶粒大小，形状及分布情况。并注意观察缩孔、气泡、树枝状晶的特征。用照相机记录铸锭组织形貌。

（5）对比不同浇铸条件下得到的铸锭组织，思考浇铸条件所带来的影响。

3. 实验注意事项

接触高温液体金属时需特别小心，不要让水或其他液体溅到热的金属表面上。当用钳子夹持盛有液体金属的坩埚或热的金属模块时，特别要保护眼睛不受烧伤。

7.5.3　实验报告要求

根据研究内容整理实验数据，分析三晶区形成原因，分析不同浇铸凝固条件下得到的铸锭组织。

7.5.4　拓展实验

研究中间合金（如 Al-5Ti-1B、Al-10Ti）对纯铝细化效果的影响，探索中间合金含量对纯铝晶粒细化的影响规律。

参考文献

[1]　潘金生，仝健民，田民波. 材料科学基础[M]. 北京：清华大学出版社，2013.

第 **8** 章

金属材料的塑性变形与再结晶

8.1 塑性变形的基本方式及其特征

金属的塑性变形都是位错运动的结果,微观变形方式有两种:滑移和孪生。在切应力作用下,晶体的一部分沿某一晶面相对于另一部分滑动,这种变形方式称为滑移;在切应力作用下,晶体的一部分沿某一晶面相对另一部分产生剪切变形,且变形部分与未变形部分的位向形成了镜面对称关系,这种变形方式称为孪生。

8.1.1 滑移

金属的室温塑性变形主要是通过滑移方式进行的。金属的滑移主要是在一定的滑移面和滑移方向上进行的。滑移面和滑移方向通常是在原子排列的最密面和最密方向。每一个滑移面和此面上的一个滑移方向组成一个滑移系。当外加应力在取向因子最大的滑移系的分切应力达到临界分切应力时,位错克服点阵阻力(P-N 力)及其他一些缺陷阻力开始运动而发生滑移。由于位错移动只要求其中心附近少数原子移动很小的距离(小于一个原子间距),因而所需应力要比晶体作整体刚性滑移时的理论屈服强度小得多。抛光过的金属滑移后表面会产生一些高低不平的台阶,出现平行和交叉的细线,这些细线通常称作滑移线。由于一般光学显微镜放大倍数比较低,所观察到的每条滑移线实际上是一个滑移带,是由一组相互平行的密集滑移线组成。在相衬显微镜或电子显微镜下则可以观察到这些相互平行的细小的滑移线。

图 8.1 所示为 TWIP 钢拉伸变形后的表面组织中形成的滑移带。

8.1.2 孪生

孪生是塑性变形的另外一种常见方式,一般在滑移难于进行的晶体中进行。一些密排

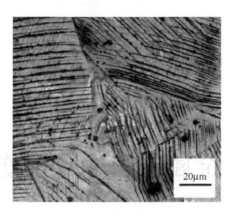

图 8.1   TWIP 钢拉伸变形后形成的滑移带

六方结构的金属由于滑移系少,在塑性变形中常以孪生的方式进行。对于立方结构的金属,在形变温度很低,形变过程极快或其他原因限制滑移过程进行时也会通过孪生的方式进行塑性变形。

孪生是一个发生在晶体内部的均匀切变,就是晶体的一部分在一定的晶面(孪晶面)上沿一定的方向(孪晶方向)进行相对位移。在变形部分晶体中,每个相邻晶面上原子移动的距离与其距孪晶面的距离成正比。经变形部分的晶体以孪晶面为对称面与未变形部分相互对称,也叫镜面对称。对称的两部分晶体称为孪晶(或双晶),发生形变的一部分晶体称为孪晶带(或双晶带)。

孪生所需要的切应力比滑移时大得多,但仍是低于理论屈服强度,因此孪生也是通过位错运动引起的。由于孪生过程中,孪晶区域内相邻晶界间的相对切变不是原子间距的整倍数,因此引起孪生的位错是不全位错。孪生变形中对于一定的晶体结构有固定的孪晶面(切变面)和孪晶方向(切变方向)。

孪生的取向与基体不同。在抛光的晶体表面可以看到表面浮凸。经磨制抛光后浮凸虽被磨掉,但由于晶粒取向不同,腐蚀后很容易看出孪晶带。这一点和滑移不一样,滑移线通过抛光可以去掉。图 8.2 为 Zn 的变形孪晶,其形貌特征为薄透镜状,截面成针状。某些材料退火后在晶内形成退火孪晶(纯铜、单相铜合金及奥氏体不锈钢中经常出现)。退火孪晶和变形孪晶不同,如图 8.3 所示为斑铜中的孪晶的光学形貌。两条直线互相平行,表明它们属于共格晶界。

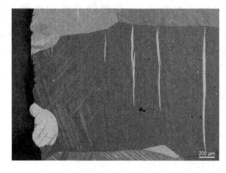

图 8.2   Zn 的变形孪晶形貌

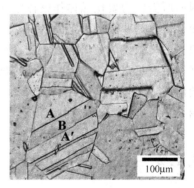

图 8.3   斑铜中的孪晶形貌

8.2　冷塑性变形对金属组织与性能的影响

若金属在再结晶温度以下进行塑性变形,称为冷塑性变形。冷塑性变形不仅改变了金属材料的形状与尺寸,而且还将引起金属组织与性能的变化。

金属在发生塑性变形时,随着外形的变化,内部晶粒形状也发生了改变。晶粒形状由原来的等轴晶粒逐渐变为沿变形方向伸长的晶粒,在晶粒内部也出现了滑移带或孪晶带。

经塑性变形后金属的显微组织发生了明显的改变,主要是晶粒形状的改变。图 8.4 是工业纯铁的(a)原始形态、(b)10％变形、(c)50％变形、(d)70％变形后的显微组织。随着变形度的增加,原来的等轴晶粒沿变形方向逐渐伸长,变形度越大,晶粒伸长长度越明显。当变形量大到一定程度时,各个晶粒难以分辨呈现出纤维状的条纹,称为纤维组织。

塑性变形时随变形量的增加,在被拉长的晶粒内部可以看到越来越多的滑移带和很多小晶块(变形亚晶)。亚晶的出现可使形变抗力大大升高,是产生加工硬化的主要原因之一。

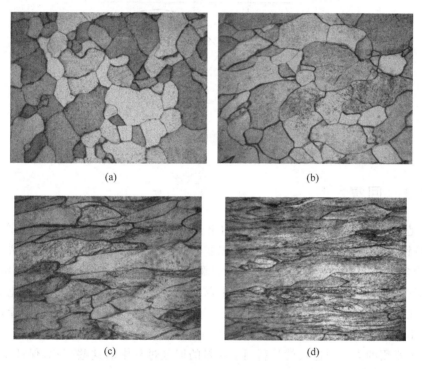

(a)　　　　　　　　　　(b)

(c)　　　　　　　　　　(d)

图 8.4　工业纯铁不同变形量下的显微组织

(a) 原始形态(400×); (b) 10％变形(400×); (c) 50％变形(400×); (d) 70％变形(400×)

由于塑性变形造成金属内部组织结构的变化,必然导致有关性能的变化。最为显著的是机械性能的变化。金属材料经过塑性变形后,屈服强度和硬度显著提高,而塑性、韧性明显下降,这就是加工硬化现象。加工硬化是金属材料的一项重要特征,可作为强化金属的一种方法。对于一些不能用热处理来强化的材料尤其重要。例如,有些不锈钢经冷轧后,可使其强度提高将近一倍。另外由于塑性变形过程中缺陷增加,使金属的电阻升高,耐蚀性降低。

8.3 冷变形后金属加热时组织与性能的变化

变形后的金属或合金,加热时随着加热温度的不断升高,金属会发生回复、再结晶和晶粒长大的过程(图 8.5)。了解这一过程的规律及影响因素,对于改善变形后的材料组织结构与性能是十分重要的。

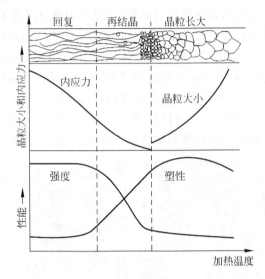

图 8.5 冷变形金属加热时组织与性能变化示意图

8.3.1 回复

回复是在较低的温度下发生的,晶体内由于原子扩散点缺陷减少,变形后产生大量位错,这些位错发生滑移和攀移,同号刃型位错整齐排列起来,成为小角度倾侧晶界,形成许多亚晶,称为多边形化。这些变化在一般光学显微镜下观察不到,在电子显微镜下可以观察到位错形成的亚晶界。这时金属的晶粒大小形状无明显变化,强度不变,塑性变化不大,电阻和内应力显著降低。使残余应力显著下降。但造成加工硬化的主要原因未消除,故其机械性能变化不大。如图 8.5 所示。

生产上常用的去应力退火就是利用了材料的回复过程中的这些变化,保证了加工硬化效果,降低了内应力。

如图 8.6 为 70% 变形后的工业纯铁加热 450℃ 退火 1h 回复后的微观形貌。在回复过程中,因加热温度比较低,原子活动能力尚低,故冷变形金属的显微组织无明显变化,仍保持着纤维组织的特征。

8.3.2 再结晶

冷变形后的金属在加热到一定温度后,通过形核长大的方式形成新的晶粒的过程称为

图 8.6　纯铁 70％冷变形后 450℃退火 1h 后的组织(400×)

再结晶。再结晶不是相变,只是一种组织变化。

1. 再结晶温度

再结晶温度分为开始再结晶温度和完成再结晶温度。

冷变形后的金属开始进行再结晶的最低温度称为开始再结晶温度。此温度可以用金相法、硬度法和 X 射线结构分析等方法来测定。最常用的是金相法和硬度法。金相法就是在显微镜下观察,在不同加热温度下的变形组织中出现第一个新的等轴晶粒或晶界因凸出形核而出现锯齿状边缘的退火温度定为开始再结晶温度。

硬度法就是以硬度—退火温度曲线上硬度开始显著降低的温度定为开始再结晶温度。在一定时间内完成再结晶所对应的温度称为完成再结晶温度。通常规定在 1h 再结晶完成 95％所对应的温度称为再结晶温度。加热温度越高,再结晶速度越快,产生一定体积分数的再结晶所需要的时间也越短。

在再结晶过程中,变形伸长晶粒与等轴晶粒并存。再结晶完成之后,全部形成细小的等轴晶粒。当加热温度较高时,首先在变形晶粒的晶界或滑移带、孪晶带等晶格畸变严重的地带,通过形核与长大方式进行再结晶,图 8.7(a)和(b)为 70％变形后的工业纯铁在 530℃退火 1h、600℃退火 1h 后的显微组织,经过再结晶过程,冷变形金属在再结晶后获得了新的等轴晶粒,消除了冷加工纤维组织、加工硬化和残余应力。

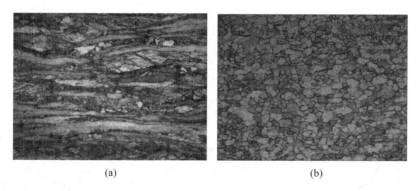

(a)　　　　　　　　　　　　(b)

图 8.7　纯铁 70％冷变形后 530℃和 600℃退火 1h 后的组织
(a) 530℃退火 1h 后组织(400×); (b) 600℃退火 1h 后组织(400×)

2. 影响再结晶的主要因素

1) 变形度的影响

当变形量很小时,由于晶内储存的畸变能不足以进行再结晶而保持变形前状态。当变形量增大到某一数值时(铁为 2%～10%,钢为 5%～10%,铝为 2%～5%,铜及黄铜约为 5%),再结晶后的晶粒特别粗大。通常把对应于得到粗大晶粒的变形度称为临界变形度,金属在临界变形度下,只有少数晶粒发生明显变形具备形成再结晶核心的条件,而其余绝大多数晶粒几乎未发生变形不具备形核条件,因此所形成的再结晶核心数目必然很少,由它们长大而成的晶粒(无畸变区)靠吞并周围晶粒迅速长大,其结果造成晶粒特别粗大。当变形度超过临界变形度后,变形度越大,晶粒越细小。当变形度达到一定程度后,再结晶晶粒大小基本保持不变。如图 8.8 所示。

金属的冷变形程度越大,畸变能越高,再结晶的驱动力也越大,再结晶温度越低。

2) 再结晶温度的影响

再结晶过程的形核和长大都是热激活的过程,由原子扩散控制,再结晶的温度与时间的关系符合阿累尼乌斯方程:

$$V_{再} = A \mathrm{e}^{-Q/RT} \tag{8.1}$$

式中,$V_{再}$ 为再结晶速度;Q 为再结晶激活能;R 为气体常数;A 为比例系数;T 为再结晶的绝对温度。

再结晶的速度与产生一定量的再结晶体积分数所需的时间 t 成反比,对上式两边取对数可得:

$$\ln t = A' + \frac{Q}{RT} \tag{8.2}$$

式中,A' 为比例系数。因此,加热温度越高,再结晶速度越快,产生一定量的再结晶所需要的时间也越短。

图 8.9 为纯铁再结晶全图,当变形程度和保温时间一定时,提高再结晶退火温度,不仅使再结晶后的晶粒变得更粗大,而且还减小临界变形度。

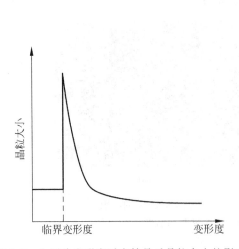

图 8.8　金属冷变形度对在结晶后晶粒大小的影响

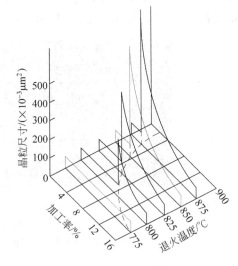

图 8.9　纯铁再结晶全图

3）原始晶粒尺寸的影响

在其他条件相同的情况下,金属的原始晶粒越细小,变形的抗力越大,越能使变形后储存的能量较高,再结晶的驱动力也越大,再结晶温度越低。

当变形度一定时,原始晶粒越细。金属中晶界面积越大,形成再结晶晶核的部位也越多,形核率增大,则再结晶后的晶粒也越细。

4）金属成分的影响

金属纯度越高,再结晶温度越低,再结晶过程也越快。对于工业纯（>99.9%）的金属,其开始再结晶温度与熔点间的关系大致有如下经验公式：

$$T_{再} = (0.35 \sim 0.40) T_{熔} \tag{8.3}$$

在金属中存在微量杂质或加入少量合金元素均能显著提高再结晶温度,这对高温下使用的工件有好处。

8.3.3　晶粒长大

再结晶完成后,再结晶组织为细小的等轴晶粒,若继续提高加热温度或延长保温时间,会引起大多数晶粒的均匀长大,如图8.10所示。晶粒长大是一个自发过程,它使晶界减少,能量降低,组织变得更稳定。温度越高,再结晶后的晶粒长大越厉害。有二次再结晶特征的金属退火中将发生不均匀长大,最后变成异常粗大的晶粒。异常晶粒长大又称不连续晶粒长大,是一种特殊的晶粒长大现象,发生这种晶粒长大时,基体中的少数几个晶粒迅速长大,成为特大晶粒,其他小晶粒逐渐被吞并。

图8.10　纯铁70%冷变形后1000℃退火1h后的组织（400×）

8.4　实验部分

8.4.1　实验目的

（1）了解冷塑性变形对金属组织与性能的影响。

（2）了解经冷塑性变形的金属在加热时组织与性能的变化规律。

（3）了解变形程度对金属再结晶晶粒度的影响。

8.4.2　实验内容

（1）研究工业纯铁在不同冷变形后的组织。
（2）测量工业纯铁在不同变形度下的硬度。
（3）观察工业纯铁在同一变形度下，不同退火温度保温下的组织变化。
（4）研究不同变形度的工业纯铁在相同退火温度保温下对再结晶晶粒度的影响。

8.4.3　实验报告要求

分析冷变形对工业纯铁组织和性能（硬度）的影响；绘出变形度与再结晶后晶粒大小的关系曲线，探讨变形度对工业纯铁再结晶晶粒大小的影响。

8.4.4　思考题

（1）金属冷变形后，组织结构和性能发生了哪些变化？
（2）什么叫加工硬化？有什么实际意义？
（3）什么叫回复？回复时金属性能发生了哪些变化？有什么实际意义？
（4）冷变形金属再结晶后，在组织结构和性能上发生了哪些显著变化？为什么会发生这些变化？
（5）什么是再结晶温度？影响再结晶温度的因素有哪些？
（6）影响再结晶后晶粒大小的因素有哪些？在生产中如何控制再结晶后晶粒的大小？

8.4.5　拓展实验

将工业纯铝片进行不同程度的拉伸变形，探索硬度与冷变形度的关系；并进行再结晶退火，侵蚀后，计算不同变形程度铝片的晶粒数及晶粒大小。研究冷变形度与再结晶退火后晶粒大小的关系及工业纯铝的临界变形度。

参考文献

[1]　杨浩坤. 电子背散射衍射在孪晶分析方面的应用[EB/OL]. (2013-05-07)[2017-10-11]. http://www.imr.cas.cn/kxcb/kpds-kxcb/2013nkpds-kxcb/201305/t20130507_3834124.html

[2]　夏爽，李慧，周邦新，等. 金属材料中退火孪晶的控制及利用——晶界工程研究[J]. 自然杂志. 2010, 32(2)：94-100.

[3]　杨平. 电子背散射衍射技术及其应用[M]. 北京：冶金工业出版社，2007.

[4]　胡赓祥，蔡珣. 材料科学基础[M]. 上海：上海交通大学出版社，2000.

碳钢组织观察及性能分析

9.1 引言

碳钢是一种以铁、碳两种元素为主要成分的合金,它具有良好的力学性能和加工性能,是机械制造工业中应用最广泛的一种金属材料。碳钢的优良性能是由内部组织结构决定的,而组织结构又随成分和加工工艺条件的变化而改变。

9.2 Fe-Fe₃C 相图

Fe-Fe₃C 相图是表示铁碳合金在缓慢冷却的平衡状态下相或组织与温度、成分间关系的图形,如图 9.1 所示。钢铁材料加热和冷却后,若想知道在某一温度下的组织为何,或某温度下材料的机械性能,常借助于 Fe-Fe₃C 相图。

图 9.1 中,A 为纯铁熔点 1538℃;J 为包晶点(0.18%C,1495℃);C 为共晶点(4.3%C,1148℃);S 为共析点(0.77%C,727℃);G 为纯铁相变点(912℃);P 为碳在 α-Fe 内的最大溶解度(0.0218%C);E 为碳在钢中的最高含碳量(2.11%);Q 为室温下 α-Fe 含碳量(0.08%C);AB、BC、CD 为液相线;AH、HJ、JE 为固相线;HJB 为包晶反应恒温线;ECH 为共晶反应恒温线;GS 为亚共析钢相变曲线,为 α-Fe 初析线;ES 为过共析钢相变曲线,为 Fe₃C 初析线;PSK 为共析反应恒温线;GP、PQ 为 α-Fe 内的碳的固溶线;230℃恒温线为渗碳体的磁性转变温度。

9.2.1 钢的相变

1. 共析钢的转变

共析钢从奥氏体平衡冷却,当温度降到 727℃时将发生共析转变,奥氏体(A 或 γ)转变成珠光体(P):

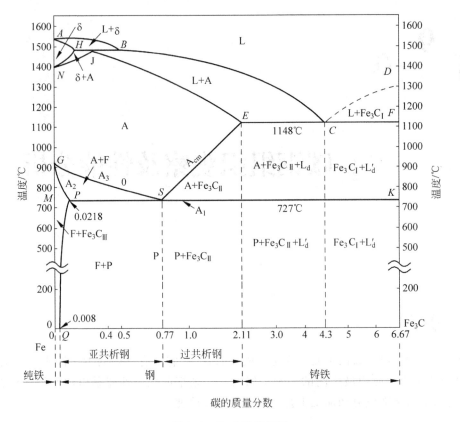

图 9.1 Fe-C 平衡相图

$$A \xrightarrow{\text{冷却}} P$$

当共析钢从常温加热到 727℃时,珠光体就会发生共析反应的逆反应,转变成奥氏体:

$$P \xrightarrow{\text{加热}} A$$

2. 亚共析钢的转变

亚共析钢从奥氏体冷却,温度降至 A_3 相变点时,先有铁素体(F)从奥氏体晶界析出,随着温度的下降,铁素体量越多,奥氏体量越少,当降至 727℃(A_1)时,剩余的奥氏体发生共析反应转变为珠光体:

$$A \xrightarrow{\text{冷却}} F + A \xrightarrow{\text{冷却}} F + P$$

将亚共析钢自常温加热到 727℃(A_1)时,珠光体转变成奥氏体,当温度升至 A_3 相变点时,铁素体转变成奥氏体:

$$F + P \xrightarrow{\text{加热}} F + A \xrightarrow{\text{加热}} A$$

3. 过共析钢的转变

过共析钢从奥氏体冷却,当温度降至 A_{cm} 相变点时,二次渗碳体(Fe_3C_{II})从奥氏体中析出,随着温度下降,二次渗碳体含量越多,奥氏体含量越少,当温度降至 727℃(A_1)时,剩余奥氏体发生共析反应转变为珠光体:

$$A \xrightarrow{\text{冷却}} Fe_3C_{II} + A \xrightarrow{\text{冷却}} FeC_{II} + P$$

将过共析钢自常温加热到 727℃(A_1)时,钢中的珠光体变成奥氏体,当温度升至 A_{cm} 相变点时,二次渗碳体转变成奥氏体:

$$Fe_3C_{II} + P \xrightarrow{\text{加热}} Fe_3C_{II} + A \xrightarrow{\text{加热}} A$$

9.2.2　冷却速度对组织的影响

钢的大部分转变都涉及碳原子的扩散,所以需要充分的时间才能完成。如果没有充分的时间则只能部分转变或全部被阻止,因此,冷却速度的快慢决定了转变的程度,最缓慢的冷却为炉中冷却,然后依次为空气中冷却、油中冷却、水中冷却等。

图 9.2 为钢加热和冷却时的相变临界温度。把钢加热或冷却时相变即将开始或结束时的温度称为临界温度(或称临界点)。Fe-Fe$_3$C 相图中 A_1、A_3、A_{cm} 都是钢的临界温度,Fe-Fe$_3$C 相图上的临界温度都是平衡相变条件下的加热和冷却时的临界温度。在实际冷却或加热条件下,会出现过冷或过热现象,在相图上实际的相变温度和平衡临界温度就会产生偏移现象,而且加热或冷却速度越快,偏移量越大。通常把实际加热时的各临界温度用 A_{c1}、A_{c3}、A_{ccm} 表示,冷却时的各临界温度用 A_{r1}、A_{r3}、A_{rcm} 表示。钢的实际临界温度的含义如下:

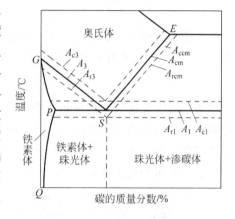

图 9.2　钢在加热和冷却时的
相变临界温度示意图

A_{c1}——加热时珠光体转变为奥氏体的温度;

A_{r1}——冷却时奥氏体转变为珠光体的温度;

A_{c3}——加热时铁素体转变为奥氏体的终了温度;

A_{r3}——冷却时奥氏体中析出铁素体的开始温度;

A_{ccm}——加热时二次渗碳体溶入奥氏体的终了温度;

A_{rcm}——冷却时二次渗碳体从奥氏体中析出的开始温度。

1. 炉冷

把奥氏体区温度的共析钢放到炉中缓慢冷却,由于共析钢冷却到 A_{r1} 点时,有足够的时间完成共析相变,可以得到图 9.3 所示的珠光体,炉冷得到的珠光体层片较粗,所以称为粗珠光体。

2. 空冷

奥氏体区温度的亚共析钢放到在空气中冷却,转变时间不充足,可以得到图 9.4 所示的珠光体和铁素体(白色),珠光体层片较细,称为细珠光体(或索氏体、屈氏体)。

3. 油冷

奥氏体区温度的共析钢在油中冷却速率更快,奥氏体被过冷到 550℃附近才发生相变,此时冷却速率较快,不能完成此阶段的相变。此后未发生相变的奥氏体将被过冷到 200℃

附近又发生相变。

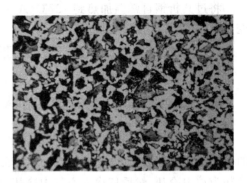

图 9.3　共析钢的显微组织（炉冷）　　　　图 9.4　亚共析钢的显微组织（空冷）500×

油冷获得的组织如图 9.5 所示,灰白色基体为 200℃左右相变时产生的马氏体,黑色部分是在 550℃左右产生的相变组织细珠光体(或屈氏体)。

4. 水冷

奥氏体区温度的共析钢在水中冷却速率极快,奥氏体被过冷到 200℃附近才开始相变,此时获得的组织为马氏体(图 9.6)。马氏体为针状组织,其形成不需要碳原子的扩散,故属于非扩散过程。体心立方的马氏体由面心立方的奥氏体切变而成,所以生成速度极快。马氏体的含碳量与奥氏体的含碳量相同。

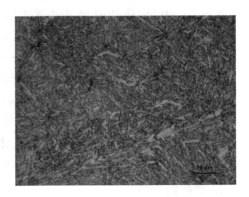

图 9.5　共析钢的显微组织（油冷）　　　　图 9.6　T12 钢的显微组织（水冷）

马氏体相变的特点除了上述的非扩散过程外,还有以下特点:

(1) 马氏体转变开始的温度 M_s 与相变完成温度 M_f 只与含碳量相关,而与冷却速度无关。如某钢的 M_s 温度为 250℃,从奥氏体冷却下来时,无论冷却速度多快,若最后温度不低于 250℃则无马氏体产生,而且在 250℃以下无论冷却速率多快,也无法阻止马氏体的转变(图 9.7)。

(2) 转变不完全:即使冷却到 M_f 点,也不可能获得 100% 的马氏体,总有部分残余奥氏体不发生转变而残留下来,称为残余奥氏体,用 A′ 或 γ′ 表示。马氏体转变后的残余奥氏体量随含碳量的增加而增加,当含碳量达 0.5% 后,残余奥氏体量才显著,如图 9.8 所示。

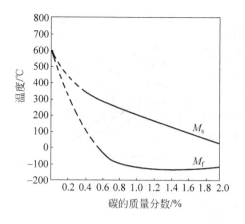

图 9.7 碳的质量分数对马氏体转变温度的影响

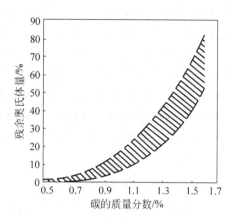

图 9.8 碳的质量分数对残余奥氏体的影响

9.3 钢的热处理

钢的热处理就是将钢加热到单相奥氏体区保温一定时间得到均匀细小晶粒的奥氏体,然后冷却至室温。冷却方式和冷却速度不同,钢的性能也不同。冷却是热处理的关键工序,常用的冷却方式有连续冷却和等温冷却两种,如图 9.9 所示。淬火、正火、退火等热处理操作中所采用的水冷、油冷、空冷、炉冷等冷却方法属于连续冷却,而等温淬火和等温退火的冷却方法属于等温冷却。为了分析奥氏体在不同冷却方式和不同冷却速度下得到的组织,须先了解过冷奥氏体转变曲线。

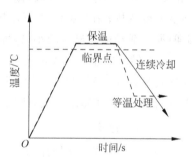

图 9.9 热处理冷却方式示意图

9.3.1 过冷奥氏体转变曲线

过冷奥氏体转变曲线由实验测定,根据测定时的冷却方式分为"过冷奥氏体等温转变曲线"(TTT)和"过冷奥氏体连续冷却转变曲线"(CCT)。

所谓过冷奥氏体是指将加热时所形成的奥氏体冷却至临界点(A_1、A_3、A_{cm})以下尚未发生转变的奥氏体,它处于热力学不稳定状态,要发生转变。过冷奥氏体转变曲线就是描述在这两种冷却方式下,过冷奥氏体的转变量和转变时间之间的关系曲线图。过冷奥氏体转变曲线是对钢进行热处理的重要依据。在实际热处理作业中,我们常借助各种钢材的连续冷却转变图,了解以何种冷却速率连续冷却奥氏体时,在何种温度、何种时间会发生何种相变,常温时会获得何种组织。

1. 过冷奥氏体的等温转变图

奥氏体急速冷却到临界点 A_1 以下,在不同温度的保温过程中,转变量与转变时间之间关系的曲线图称为过冷奥氏体的等温转变图(temperature time transformation,TTT)曲线，因为其形状像字母 C，所以又称 C 曲线。C 曲线是利用热分析等方法获得的。图 9.10 为共析钢的 C 曲线。

两条 C 形曲线中，左边的一条及 M_s 线是过冷奥氏体转变开始线，右边的一条及 M_f 线是过冷奥氏体转变终了线。A_1 线、M_s 线、转变开始线及纵坐标所包围的区域为过冷奥氏体区，转变终了线以右及 M_f 线以下为转变产物区。转变开始线和转变终了线之间及 M_s 线与 M_f 线之间为转变区。

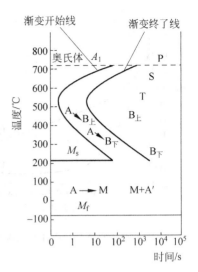

图 9.10　共析钢 C 曲线

2. 过冷奥氏体等温转变的特点

过冷到 A_1 以下的奥氏体处于不稳定状态，但不立即转变，而要经过一段时间才开始转变，称为孕育期（即转变开始线与纵坐标之间的距离）。

（1）孕育期和转变速度随等温温度而变化。在 560℃孕育期最短，转变速度最快，此处相当于 C 曲线的"鼻尖"。在"鼻尖"以上区域，随等温温度降低，过冷度增加，相变驱动力增大，孕育期缩短，转变速度变快；在"鼻尖"以下区域，随等温温度降低，虽然过冷度增加，相变驱动力增大，但此时原子活动能力显著减小，因而孕育期变长，转变速度变慢。

（2）转变类型随等温温度而变化。A_1～560℃之间为珠光体转变；560℃～M_s 之间为贝氏体转变；M_s～M_f 之间为马氏体转变。M_s 为马氏体转变开始温度，M_f 为马氏体转变终了温度，他们与冷却速度无关，所以在 C 曲线上为水平线。

3. 相变特点

1) A_1～560℃之间的高温转变——珠光体转变

珠光体转变就是前面介绍的共析转变。珠光体是由铁素体(F)和渗碳体(Fe_3C)片层相间平行排列的机械混合物。等温温度越低，转变速度越快，珠光体层片越细，通常把层片较粗的珠光体称为珠光体(P)，片层较细的珠光体称为索氏体(S)，片层极细的珠光体称为屈氏体(T)。珠光体层片越细，强度、硬度越高，同时塑性、韧性也有所增加。不同温度区间形成珠光体层片间距不同，转变温度越低，层片间距越细。

2) 560℃～M_s 之间的中温转变——贝氏体转变

当把奥氏体过冷到 560℃～M_s 温度范围内某一温度保温时，首先沿奥氏体晶界形成过饱和碳的铁素体晶核并长大，随后在铁素体中又析出细小渗碳体。贝氏体是由含过饱和碳的铁素体和渗碳体组成的混合物。等温温度不同，贝氏体形态不同，其性能也不同。在 560～350℃范围内，贝氏体呈羽毛状，它是由许多互相平行的铁素体片和分布在片间的断续细小的渗碳体组成的混合物，称之为"上贝氏体"，用 $B_上$ 表示。其硬度较高，可达 40～45HRC，但由于铁素体片较粗，故塑性、韧性较差，在生产上应用较少。

在 350℃～M_s 范围内，贝氏体呈针叶状，它是由针叶状的铁素体和分布在其上的极细小的渗碳体组成，称之为"下贝氏体"，用 $B_下$ 表示。其硬度更高，可达 50～60HRC。因其铁素体针叶较细，故其塑性、韧性较好。生产中有时对中碳合金钢和高碳合金钢采用等温淬火方法获得下贝氏体以提高钢的强度、硬度、塑性和韧性。

3）$M_s \sim M_f$ 之间的低温转变——马氏体转变

马氏体转变也是一个形核和长大过程，它不需要孕育期。当奥氏体过冷至 M_s 点时，便有第一批马氏体针叶沿奥氏体晶界形核并迅速向晶内长大，由于长大速度极快（约 10^{-7}s），它们很快横贯整个奥氏体晶粒或很快彼此相碰而立即停止长大，必须继续降低温度才能有新的马氏体针叶形成，如此不断连续冷却一批批的马氏体针叶不断形成，直到 M_f 点转变结束。由于马氏体转变温度低，转变速度快，只发生铁的晶体结构转变，而碳原子来不及重新分布，被迫保留在马氏体中，其碳的质量分数与母相奥氏体相同，因此马氏体是碳在铁素体中的过饱和固溶体，具有体心正方结构。大量碳原子的过饱和造成原子排列发生畸变，产生较大内应力，因此马氏体具有高的硬度和强度。马氏体中碳的质量分数越高，其硬度和强度越高，但脆性越大，须进行回火后才能使用。

对于亚共析钢和过共析钢的过冷奥氏体等温转变曲线中也存在高温区的珠光体转变、中温区的贝氏体转变和低温区的马氏体转变。所不同的是亚共析钢在珠光体转变之前先有铁素体析出，过共析钢先有渗碳体析出。

9.3.2　过冷奥氏体连续冷却转变曲线

在实际生产中，奥氏体的转变大多是在连续冷却过程中进行的。实验表明，过冷奥氏体的连续冷却转变曲线与等温转变曲线是不同的。图 9.11 为共析钢的连续冷却转变曲线，与等温转变曲线比较，两者的区别在于连续冷却转变曲线位于等温转变曲线的右下侧，而且没有贝氏体转变区。过共析钢在连续冷却过程中也不会发生贝氏体转变。而亚共析钢在连续冷却时一定温度范围内会发生贝氏体转变。

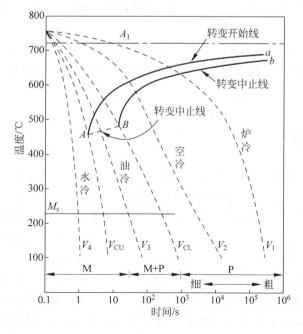

图 9.11　共析钢的连续冷却转变图

由于奥氏体的连续冷却转变曲线的测定比较困难,实际生产中常参照等温转变曲线定性地估计连续冷却转变过程:将连续冷却速度线画在钢的C曲线图上,根据冷却速度线与C曲线相交的位置大致估计某种钢在某种冷却速度下实际转变所获得的组织。

以共析碳钢的冷却为例,图9.11中V_1相当于在炉中冷却(退火),获得粗片状珠光体组织。V_2相当于在空气中冷却(正火),获得索氏体组织。V_3相当于在油中冷却(油淬),先有一部分奥氏体转变为托氏体,此时冷却速度线末与C曲线的转变终了线相交,剩余奥氏体过冷到M_s点以下转变为马氏体,获得托氏体和马氏体的混合组织。V_4相当于水中冷却(水淬),冷却速度线不与C曲线相交,只在M_s以下时转变成马氏体,得到马氏体和残余奥氏体的组织。$V_{临}(V_{CU})$冷却速度线恰好与C曲线的鼻尖相切,它表示奥氏体在冷却时直接转变为马氏体组织的最小冷却速度,称为临界冷却速度。$V_{临}$与C曲线的位置有关,C曲线越右移,$V_{临}$越小,在较慢的冷却速度下也能得到马氏体组织,这对热处理的工艺操作具有十分重要的意义。例如,用碳钢做成零件,由于它的C曲线靠左,$V_{临}$很大,必须在水中冷却才能得到马氏体。如果零件形状比较复杂,水冷使之容易开裂。如果用合金钢做成零件,因其C曲线靠右,$V_{临}$较小,在油中冷却也能得到马氏体,所以零件不易开裂,这也是合金钢的优越性之一。

9.4　钢的热处理工艺

热处理就是指对材料加热和冷却,利用加热和冷却的配合得到所需的机械性能为目的的处理。经热处理后显著改变的机械性能如抗拉强度、硬度、冲击值、疲劳极限、延伸率。一般情况下,具有相变、固溶度的材料,都可以利用热处理来改变机械性能。钢铁材料就有相变的特性,是热处理的主要对象。因此钢铁材料常被施以退火、正火、淬火及回火等热处理。

热处理的基本工艺包括退火、正火、淬火、回火,表面淬火及化学热处理。随着材料科学与工程的发展,也涌现出了许多优质和高效能的工艺方法,如形变热处理、可控气氛热处理、真空热处理等。

9.4.1　退火

退火通常是把钢加热到临界温度(A_1、A_3、A_{cm})以上或临界温度以下某一温度保温一定时间后,使钢全部或部分奥氏体化,然后以十分缓慢的冷却速度(炉冷、坑冷、灰冷)进行冷却的一种操作。此时奥氏体在高温区发生分解得到比较接近平衡状态的组织。退火目的在于使材料软化,消除内应力,化学成分均匀,使之再结晶以调整组织或使碳化物球化。最常用的退火工艺随目的不同分为完全退火、球化退火、去应力退火等。

完全退火主要用于亚共析钢和合金钢的铸件、锻件及热轧型材,有时也用于焊接结构件,其目的在于降低硬度,改善切削或塑性加工。完全退火温度及退火工艺如图9.12所示,把钢加热到A_3或A_1线上方$30\sim50℃$的温度范围,保温一定时间后,在炉中或灰中慢冷到A_1以下温度,即如图$abcde_1$路线。也可采用二段退火法,如图$abcde_2$路线,在550℃左右,等在炉中慢冷转变完成以后,从炉中取出放在空气中冷却(此方法可节省时间)。

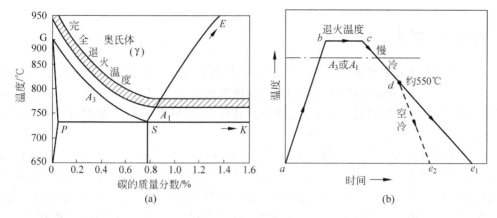

图 9.12 碳钢的完全退火温度及退火工艺

（a）完全退火温度；（b）退火工艺

球化退火主要用于共析钢和过共析成分的碳钢和合金钢,其目的是使层片状珠光体和网状二次渗碳体发生球化,以降低硬度并改善切削加工性能,为此后淬火做准备,减少工件淬火变形和开裂。去应力退火主要用于消除加工件的残余应力,以防止零件变形或产生裂纹。

9.4.2 正火

正火是将钢加热到 A_3 或 A_{cm} 以上 $30\sim50℃$ 并保温一定时间后,放在空气中冷却（图 9.13）。与退火的明显区别是正火的冷却速度稍快,正火后形成的组织比退火组织细。正火目的在于使晶粒细化,适当提高硬度和强度以改善机械性能,调整轧制或铸造组织中碳化物的大小或分布状态。对低碳钢来说,正火后提高硬度可改善切削加工性,提高零件表面光洁度;对高碳钢正火则可消除网状渗碳体,为下一步球化退火及淬火作准备。

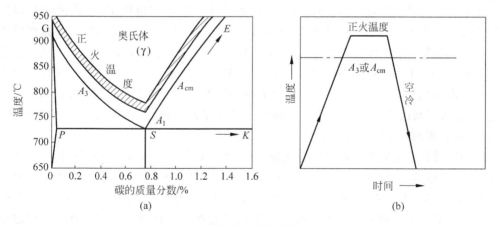

图 9.13 碳钢的正火温度及正火工艺

（a）正火温度；（b）正火工艺

9.4.3　淬火

淬火和回火是大多数零件的最终热处理,这些热处理是发挥钢铁材料性能潜力的重要手段之一。例如,T8 钢制造切削刀具,退火后的硬度很低,约为 163HB(相当于<20HRC),甚至与被切削零件的硬度相近。若将其淬火成马氏体,然后低温回火,其硬度可达 65HRC,既可以切削零件,又具有较高的耐磨性。

淬火就是将钢加热到(过共析钢)A_1 或 A_3(亚共析钢)以上 30~50℃保温一定时间后,放到淬火介质中使其急冷的操作。淬火目的是获得高硬度的马氏体组织。碳钢淬火后组织为马氏体及残余奥氏体。淬火方法有普通淬火、不完全淬火、单介质淬火、双介质淬火等。

在冷却过程中,550℃以上的临界区域内要尽快冷却(如淬水中或油中)。而在 250℃以下的危险区域应慢冷,避免冷却过快,造成钢件淬裂或变形。参见图 9.14。

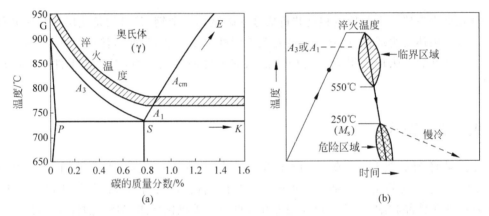

图 9.14　碳钢的淬火温度及淬火工艺
(a) 淬火温度；(b) 淬火工艺

要获得马氏体组织,淬火时的冷却速度必须大于临界冷却速度 $V_{临}$。碳钢的 $V_{临}$ 较大,常选用冷却速度较大的淬火介质如水、盐水等;合金钢的 $V_{临}$ 较小,常选用冷却速度较小的淬火介质如油等。但在实际生产中,淬火时工件表面和心部冷却速度不同,表面比心部冷得快。截面较小的工件表面和心部都能满足 $V > V_{临}$,均能获得马氏体。而截面较大的工件仅能在表面满足 $V > V_{临}$,获得马氏体,其心部则因 $V < V_{临}$ 获得索氏体或屈氏体。工件尺寸越大,淬火后马氏体层深度(淬硬层)越浅。钢在淬火时获得淬硬层的能力称为淬透性。淬硬层越深,钢的淬透性越好。

钢的淬透性主要取决于钢的化学成分,即 C 曲线位置。C 曲线越向右移,淬火的临界冷却速度越小,钢的淬透性越好。对于碳钢来说,共析钢的淬透性最好,钢中碳含量越接近共析成分,其 C 曲线越靠右,淬透性越好。大部分合金元素都使 C 曲线右移,因此合金钢的淬透性比碳钢好。为了便于比较各种钢的淬透性,必须在统一标准的冷却条件下来测定和比较,测定淬透性的方法很多,常用的方法有两种：临界直径法和顶端淬火法。

在钢淬火时必须考虑三个重要因素：加热温度、保温时间和冷却速度。

1. 淬火温度的选择

正确选定加热温度是保证淬火质量的重要一环。淬火时的具体加热温度主要取决于钢的碳的质量分数。对亚共析钢，其加热温度为 A_3 以上 30～50℃，若加热温度不足（低于 A_3），则淬火组织中的未溶铁素体会造成强度及硬度的降低。对过共析钢，加热温度为 A_1 以上 30～50℃，淬火后可得到细小的马氏体与粒状渗碳体，可提高钢的硬度和耐磨性。若采用超过 A_{cm} 的加热温度，不仅无助于强度、硬度的增加，反而会由于产生过多的残余奥氏体而导致硬度和耐磨性的下降。

不论在退火、正火及淬火时，均不能任意提高加热温度。温度过高晶粒容易长大，而且增加氧化脱碳和变形的倾向。

2. 保温时间的确定

淬火加热时间实际上是将试样加热到淬火温度所需的时间以及在淬火温度停留所需时间的总和。加热时间与钢的成分、工件的形状尺寸、所用的加热介质、加热方法等因素有关，一般按照经验公式加以估算，碳钢在电炉中加热时间的计算列于表 9.1。

表 9.1　碳钢加热时间的确定

加热温度/℃	工 件 形 状		
	圆柱形	方形	板形
	保温时间/(min/毫米厚度)		
700	1.5	2.2	3
800	1.0	1.5	2
900	0.8	1.2	1.6
1000	0.4	0.6	0.8

3. 冷却速度的影响

冷却是淬火的关键工序，可直接影响钢淬火后的组织和性能。冷却时的速度应大于临界冷却速度，以保证获得马氏体组织；在此前提下应尽量缓慢冷却，以减小内应力，防止工件变形和开裂。可根据 C 曲线，使淬火工件在过冷奥氏体最不稳定的温度范围（650～550℃）进行快冷（即与 C 曲线的"鼻尖"相切），而在较低温度（300～100℃）时的冷却速度则尽可能小些。

为了保证淬火效果，应选用适当的冷却介质（如水、油等）和冷却方法（如双液淬火、分级淬火等）。不同的冷却介质在不同的温度范围内的冷却能力有所差别。各种冷却介质的特性见表 9.2。

表 9.2　几种常用淬火介质的冷却能力

冷 却 介 质	在下列温度范围内的冷却速度/(℃/s)	
	650～550℃	300～200℃
18℃的水	600	270
26℃的水	500	270
50℃的水	100	270
74℃的水	30	200
10%NaCl 水溶液(18℃)	1100	300

续表

冷却介质	在下列温度范围内的冷却速度/(℃/s)	
	650~550℃	300~200℃
10%NaOH 水溶液(18℃)	1200	300
10%Na$_2$CO$_3$水溶液(18℃)	800	270
蒸馏水	250	200
肥皂水	30	200
菜籽油(50℃)	200	35
矿物机器油(50℃)	150	30
变压器油(50℃)	120	25

对于要求高硬度、耐磨的零件,应选用高碳钢或高碳合金钢淬火成高碳马氏体;对于要求强度和韧性较高的零件,则宜选用低碳钢或低碳合金钢淬火成低碳马氏体。应当指出,由于马氏体转变时发生体积膨胀,马氏体转变结束时总有部分奥氏体被保留下来,这部分奥氏体称为残余奥氏体,用 γ' 或 A' 表示。实验证明,随奥氏体中碳和合金元素(除 Co、Al 外)质量分数增加,M_s 和 M_f 点降低,则淬火后室温下残余奥氏体量增加。例如,共析钢的 M_f 为 $-50℃$,淬火后室温下保留 3%~6% 的残余奥氏体;过共析钢的 M_f 点降至 $-100℃$ 左右,淬火后室温下残余奥氏体量可达 8%~15%。大量残余奥氏体会降低钢的硬度,因此,对于高碳钢或高碳合金钢在淬火后常常进行"冷处理",即在淬火至室温后,立即将钢件放入干冰酒精等深冷剂中继续冷却至零下温度,使残余奥氏体继续转变为马氏体以减少残余奥氏体量,提高硬度。

9.4.4　回火

钢淬火后得到的马氏体组织质硬而脆,并且工件内部存在很大的内应力,如果直接进行磨削加工往往会出现龟裂。一些精密的零件在使用过程中将会引起尺寸变化而失去精度,甚至开裂。因此淬火钢必须进行回火处理。不同的回火工艺可以使钢获得不同的性能。表 9.3 为 45 钢淬火后经不同温度回火后的组织及性能。

表 9.3　45 钢经淬火及不同温度回火后的组织和性能

类型	回火温度/℃	回火后的组织	回火后硬度(HRC)	性能特点
低温回火	150~250	回火马氏体＋残余奥氏体＋碳化物	60~57	高硬度,内应力减小
中温回火	350~500	回火屈氏体	35~45	硬度适中,高弹性
高温回火	500~650	回火索氏体	20~33	具有良好塑性、韧性和一定强度相配合的综合性能

对碳钢来说,回火工艺的选择主要考虑回火温度和保温时间这两个因素。

(1) 回火温度:在实际生产中通常以图纸上所要求的硬度要求作为选择回火温度的依据。各种钢材的回火温度与硬度之间的关系曲线可从有关手册中查阅。现将几种常用的碳钢(45、T8、T10 和 T12 钢)回火温度与硬度的关系列于表 9.4。

表 9.4 各种不同温度回火后的硬度值

回火温度/℃	45 钢（HRC）	T8 钢（HRC）	T10 钢（HRC）	T12 钢（HRC）
150～200	60～54	64～60	64～62	65～62
200～300	54～50	60～55	62～56	57～49
300～400	50～40	55～45	56～47	57～49
400～500	40～33	45～35	47～38	49～38
500～600	33～24	35～27	38～27	38～28

注：由于具体热处理条件不同，上述数据仅供参考。

（2）保温时间：回火保温时间与工件材料、尺寸、工艺条件等因素有关，通常采用 1～3h。由于实验所用试样较小，故回火保温时间可为 30min，回火后在空气中冷却。

9.5 钢的显微组织

9.5.1 钢的退火组织

亚共析钢和过共析钢经完全退火后可得到接近于平衡状态的组织。45 钢完全退火后的组织为铁素体和珠光体，如图 9.15 所示。过共析钢完全退火后的组织为珠光体和连续网状二次渗碳体，如图 9.16 所示。

过共析成分的碳素工具钢（如 T10、T12 钢等）一般采用球化退火。T12 钢经球化退火后组织中的二次渗碳体及珠光体中的渗碳体都将变成颗粒状渗碳体，如图 9.17 所示，T12 钢经球化退火后的组织为粒状珠光体。

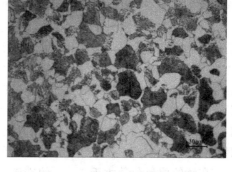

图 9.15 退火后亚共析钢组织

图 9.16 退火后过共析钢组织

图 9.17 T12 钢经球化退火组织

9.5.2　钢的淬火组织

钢淬火后得到马氏体组织。碳的质量分数在 0.25% 以下时,基本上是板条马氏体(亦称低碳马氏体),如图 9.18 所示。板条马氏体在显微镜下为一束束平行排列的细板条。把每一条束称为同位向束(block),而每一个束又是由许多同位向的马氏体板条(lath)组成。数个平行排列的同位向束(block)组成一个板条群或领域(packet)。在一个奥氏体晶粒内部有 2~3 或 3~4 个板条群。在板条群中的同位向束表现出两种衬度不同的明暗区域是由于晶体学取向不同所致。每个马氏体板条在光学显微镜下无法辨识,但在透射电镜下可明显观察到板条的平均宽度为 0.1~0.2 μm。其内有大量位错形成的位错胞,在板条之间通常有稳定的残余奥氏体薄膜。如图 9.18 所示为 20 钢 1100℃加热 30min 水冷后的组织。

图 9.18　20 钢 1100℃加热 30min,水冷

低碳钢或低碳合金钢正常加热淬火组织是以板条马氏体为主的低碳马氏体,淬火加热温度越高,由于奥氏体晶粒粗大,同位向束较长。

当碳的质量分数大于 1.0% 时,钢淬火后大多数获得针状马氏体。针状马氏体在光学显微镜中呈竹叶状或凸透镜状。马氏体针之间形成一定角度(60°)。高倍透射电镜分析表明,针状马氏体内有大量孪晶,因此亦称孪晶马氏体。当碳的质量分数为 1.2%~1.4% 时最先形成的马氏体往往是最大的,通常贯穿原奥氏体晶粒,把奥氏体晶粒一分为二。随着温度降低后续形成的马氏体,把分割的部分再分割。开始形成的马氏体大,后形成的马氏体小,从而形成大小不等的马氏体,片与片之间的白亮部分为残余奥氏体,如图 9.19 所示为 T12 钢 1100℃加热 10min 后淬盐水的片状马氏体组织,在有些马氏体片中可明显观察到显微裂纹。

在碳的质量分数大于 1.4% 的铁碳合金中,片状马氏体具有中脊(mid-rib)且呈闪电状(或"Z"字状)分布。

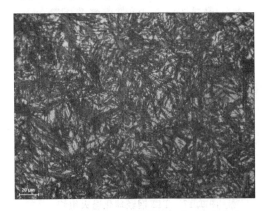

图 9.19　T12 钢 1100℃加热 10min,淬盐水

图 9.20　45 钢 860℃加热 10min,水冷

　　40钢和60钢的正常加热淬火组织为板条马氏体和片状马氏体的混合组织,在该组织中具有平行排列束状组织的为板条马氏体。如图9.20所示为45钢860℃淬火后获得的马氏体组织由于含碳量不同,板条马氏体形态也不一样,当碳的质量分数为0.4%～0.45%时,同位向束不清晰。在混合组织中分布较为乱的片状组织可视为片状马氏体,钢中含碳量越高,片状马氏体的相对量越多。

　　T10钢或T12钢的正常加热淬火组织的隐晶马氏体、未溶碳化物、残余奥氏体如图9.21所示。若在这类钢的淬火组织中观察到细小的片状马氏体(一般光学显微镜的放大倍数),则说明淬火加热温度偏高,已属过热组织。

图9.21　T12钢780℃加热10min,水冷

　　亚共析钢在两相区加热淬火,除马氏体外还有不规则形态的未溶铁素体,铁素体的相对量与钢的成分和奥氏体化温度有关。同一成分的亚共析钢,两相区加热温度越低未溶铁素体越多。亚共析钢两相区加热淬火的马氏体不仅细小,而且片状马氏体的相对量较正常加热淬火多。

9.5.3　钢的回火组织

　　钢经淬火后所得到的马氏体和残余奥氏体均为不稳定组织,它们具有向稳定的铁素体和渗碳体的两相混合物组织转变的倾向,因此在使用过程中会发生转变,引起工件尺寸和形状改变,而且淬火马氏体硬度高、脆性大、内应力大,不宜直接使用。通过回火将钢加热,降低淬火钢的脆性,减少或消除内应力,使组织稳定并获得所需要的性能。

　　淬火钢经不同温度回火后所得到的组织不同,通常按组织特征分为以下三种。

1. 回火马氏体

　　淬火钢经低温回火(150～250℃),马氏体内的过饱和碳原子脱溶沉淀,析出与母相保持着共格联系的ε碳化物,这种组织称为回火马氏体。回火马氏体仍保持针片状特征,但容易受浸蚀,故颜色要比淬火马氏体深些,是暗黑色的针状组织,残余奥氏体相对显示白色,如图9.22所示。

2. 回火屈氏体

　　淬火钢经中温回火(350～500℃),得到在铁素体基体中弥散分布着微小粒状渗碳体的

图 9.22   1.31%C 高碳钢 970℃加热保温 15min 淬水,150℃回火 2h
回火马氏体(黑色片针状)＋残余奥氏体 1500×

组织,称为回火屈氏体。回火屈氏体中的铁素体仍然基本保持原来针状马氏体的形态,渗碳
体则呈微小粒状,在光学显微镜不易分辨清楚,故呈暗黑色。用电子显微镜可以看到这些渗
碳体质点,并可以看出回火屈氏体仍然持有针状马氏体的位向,如图 9.23 所示。

图 9.23   45 钢 840℃水冷,500℃回火

3. 回火索氏体

淬火钢高温回火(500～650℃)得到的组织称为回火索氏体,其特征是已经聚集长大了
的渗碳体颗粒均匀分布在铁素体基体上,如图 9.24 所示。用电子显微镜可以看出回火索氏
体中的铁素体已不呈针状形态而呈等轴状。

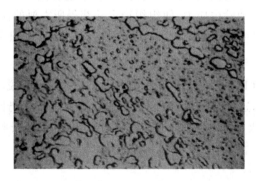

图 9.24   T8 钢 990℃淬冰盐水,600℃回火(透射电镜二级复型)4300×

9.5.4 钢中的贝氏体

贝氏体因转变温度和化学成分不同可呈多种组织形态,常见的有无碳化物贝氏体、上贝氏体、下贝氏体和粒状贝氏体。

1. 无碳化物贝氏体

无碳化物贝氏体只有在低中碳合金钢中才能观察到,是在贝氏体相变温度区的上部形成的。无碳贝氏体以奥氏体晶界或在晶界析出的先共析铁素体为基础向晶内生长,近于平行排列的铁素体板条,每个板条较宽,间距也较大,在条间无碳化物析出,如图 9.25 所示,无碳贝氏体呈白色平行杆状,灰色基体为马氏体。

2. 上贝氏体

钢中的上贝氏体,一般开始于原奥氏体晶界,形成向晶粒内生长的间隙过饱和碳的铁素体条状组织。铁素体条沿与晶界相夹一个锐角的方向排列着,条与条间以小的位向差平列密排着。在条间沿着平行铁素体条长轴方向上沉淀出碳化物,碳化物的形态和数量与钢的含量有关。从低碳到高碳,条间的碳化物由珠状、短杆至杆状。这些沿铁素体界面纵向排列成行的碳化物一般仅在电子显微镜下才能辨认。在光学显微镜下所看到的是自晶界向相邻两边的晶粒内生长的羽毛状组织。这是典型的上贝氏体组织形态。这种形貌只有部分上贝氏体形成时才能观察到。转变完全的上贝氏体组织,其特征在光学显微镜下不易辨认,贝氏体羽毛状的外形渐渐消失,看起来有点像珠光体晶区,在一个晶区内隐约有贝氏体铁素体片的痕迹。

高碳钢的上贝氏体组织似雪花状(图 9.26),实际上它是由不同取向的短条铁素体和短杆渗碳体平行排列成的,只是渗碳体短杆是不连续的。

图 9.25 20CrMo 钢 950℃加热,保温 15min, 525℃等温 5s,水淬 700×

图 9.26 上贝氏组织 2500×

3. 下贝氏体

下贝氏体呈尖锐的针状(图 9.27),是间隙过饱和碳的铁素体,这些针状晶体是多向分布的。它可起源于晶界(如在亚共析钢中),也可产生在晶粒内,很像高碳回火片状马氏体,但抗腐蚀能力差,呈黑色针状。与片状马氏体不同,贝氏体片内无显微裂纹,其亚结构主要是位错。

下贝氏体的一个重要特征是在过饱和碳的铁素体内部有碳化物沉淀,碳化物都是沿着与针的长轴成 55～65℃ 的一个方向上析出的,然而这种分布形态只有在电子显微镜下才能识别出来,下贝氏体呈黑色针状,灰色基体为马氏体。

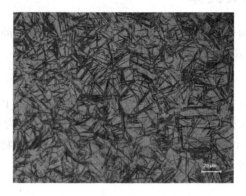

图 9.27 下贝氏体组织

4. 粒状贝氏体

在光学显微镜下粒状贝氏体是块状的铁素体及其包围的孤立小岛组成的。小岛原是富碳奥氏体区,随其后的转变不同可出现三种组织状态:分解为铁素体和碳化物,在电镜下见到比较密集的多向分布的粒状、杆状或小块状碳化物;富碳奥氏体转变为高碳马氏体和残余奥氏体;仍然保持为富碳的奥氏体未分解。

粒状贝氏体可在许多低碳或低中碳合金钢中发现,通常在缓慢冷却时形成。由于钢的化学成分以及热处理工艺条件的不同,有时在一个组织中可以出现上述的一种情况或同时出现多种情况(图 9.28)。

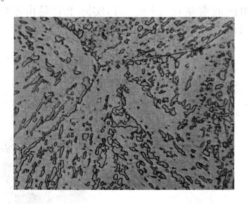

图 9.28 粒状贝氏体+马氏体组织 600×

9.6 实验部分

9.6.1 实验目的

(1) 了解碳钢的基本热处理(退火、正火、淬火及回火)工艺方法。
(2) 研究碳钢成分对组织和性能的影响。

（3）研究碳钢热处理工艺对组织与性能的影响。

（4）掌握金相样品制备方法。

（5）熟悉硬度计的选择及测试方法。

9.6.2 实验设备及用品

所需设备及用品包括热处理炉、冷却用油槽和水槽、金相预磨机及抛光设备、金相显微镜及图像采集系统、硬度计、淬火油、夹钳、耐火手套、安全面罩等。

9.6.3 实验内容

（1）任选一未知碳含量成分的碳钢，进行金相样品的制备。

（2）组织形貌分析及照相，并进行含碳量的测定。

（3）用金相图像分析软件对组织进行定量分析。

（4）热处理前后对样品进行硬度测定。

（5）对样品设定热处理制度，然后进行热处理。

（6）对热处理前后的样品组织和性能进行分析。

9.6.4 实验报告要求

根据研究内容整理实验结果，分析实验数据，对热处理前后的碳钢样品进行组织和性能分析，探讨碳钢的成分（碳含量）、热处理工艺、组织和性能的关系。

参考文献

[1] 第一机械工业部上海材料研究所，上海工具厂. 工具钢金相图谱[M]. 北京：机械工业出版社，1979.

[2] 金相图谱编写组. 金相图谱[M]. 北京：电力工业出版社，1980.

第三篇　研究性实验

第 10 章

碳钢及合金钢的应用

10.1 碳钢的分类及应用

碳钢常按质量和用途分为普通碳素结构钢、优质碳素结构钢、碳素工具钢三大类。

10.1.1 普通碳素结构钢

普通碳素结构钢主要保证力学性能,故其牌号体现其力学性能,用 Q+数字表示,其中"Q"为屈服点"屈"字的汉语拼音字首,数字表示屈服点数值,如 Q275 表示屈服点为275MPa。若牌号后面标注字母 A、B、C、D,则表示含 S、P 的量依次降低,钢材质量等级依次提高。若在牌号后面标注字母"F"则为沸腾钢,标注"b"为半镇静钢,未标注"F"或"b"者为镇静钢。例如,Q235-A·F 表示屈服点为 235MPa 的 A 级沸腾钢,Q235-C 表示屈服点为235MPa 的 C 级镇静钢。

普通碳素结构钢一般情况下都不经热处理,而在供应状态下直接使用。通常 Q195、Q215、Q235 钢的碳的质量分数低(0.06%～0.18%),焊接性能好,塑性、韧性好,有一定强度,常轧制成薄板、钢筋、焊接钢管等,用于桥梁、建筑等结构和制造普通螺钉、螺母等零件。Q255 和 Q275 钢的碳的质量分数稍高(0.18%～0.38%),强度较高,塑性、韧性较好,可进行焊接,通常轧制成形钢、条钢和钢板作结构件以及制造简单机械的连杆、齿轮、联轴节、销等零件。普通碳素结构钢的牌号、化学成分及力学性能可参考 GB/T 700—2006。

10.1.2 优质碳素结构钢

优质碳素结构钢必须同时保证化学成分和力学性能。其牌号是采用两位数字表示钢中平均碳的质量分数的万分数。例如,45 钢中平均碳的质量分数为 0.45%;08 钢表示钢中平均碳的质量分数为 0.08%。

优质碳素结构钢主要用于制造机器零件。一般都要经过热处理以提高力学性能。根据碳的质量分数不同,有不同的用途。08、08F、10、10F 钢,塑性、韧性高,具有优良的冷成形性能和焊接性能,常冷轧成薄板,用于制作仪表外壳、汽车和拖拉机上的冷冲压件,如汽车车身、拖拉机驾驶室等;15、20、25 钢用于制作尺寸较小、负荷较轻、表面要求耐磨、心部强度要求不高的渗碳零件,如活塞销、样板等;30、35、40、45、50 钢经热处理(淬火＋高温回火)后具有良好的综合力学性能,即具有较高的强度和较高的塑性、韧性,用于制作轴类零件,例如,40～45 钢常用于制造汽车、拖拉机的曲轴、连杆、一般机床主轴、机床齿轮和其他受力不大的轴类零件;55、60、65 钢热处理(淬火＋中温回火)后具有高的弹性极限,常用于制作负荷不大、尺寸较小(截面尺寸小于 12～15mm)的弹簧,如调压、调速弹簧、测力弹簧、冷卷弹簧等。优质碳素结构钢的牌号、化学成分、力学性能可参考 GB/T 699—2015。

10.1.3　碳素工具钢

这类钢的牌号用 T＋数字表示,其中"T"为碳字的汉语拼音字首,数字表示钢中平均碳的质量分数的千分数。例如,T8、T10 分别表示钢中平均碳的质量分数为 0.80% 和 1.0% 的碳素工具钢。若为优质碳素工具钢,则在钢号最后附"A"字结束,如 T12A 等。碳素工具钢的牌号、成分、热处理和用途可参考 GB/T 1298—2008。

与合金工具钢相比,碳素工具钢其加工性良好,价格低廉,使用范围广泛,所以它在工具生产中用量较大。碳素工具钢分为刃具钢、模具钢和量具钢。碳素刃具钢指用于制作切削工具的碳素工具钢,碳素模具钢指用于制作冷、热加工模具的碳素工具钢,碳素量具钢指用于制作测量工具的碳素工具钢。

碳素工具钢一般以退火状态交货。退火钢材的硬度、断口组织、网状碳化物、珠光体组织、试样淬火硬度、淬透性深度和钢材表面脱碳层深度应符合中国国家标准 GB 1298 规定。此类钢中存在网状碳化物和层片状珠光体时,容易产生淬火变形、开裂和硬度不均匀,并降低刃具耐磨性,容易引起刃具崩刃,降低刃具寿命。为了防止网状碳化物的产生,钢材要反复锻造,锻后要快速冷却。通过球化退火可使层片状珠光体中的渗碳体球化。此类钢淬火加热一般用盐浴炉,它可防止或减轻工具表层脱碳。在淬火冷却时要注意防止变形和开裂,为此一般采用分级淬火或等温淬火,有的采用高频淬火。淬火后应及时回火,以防停放时发生变形或开裂。

与合金工具钢相比,此类钢淬透性低,在水中淬透直径为 15mm,而在油中淬透直径仅为 5mm。另外,此类钢的热硬性低,工作温度高于 250℃时钢的硬度和耐磨性急剧下降,使钢的切削能力显著降低,所以此类钢只适于制作尺寸小、形状简单、切削速度低、进刀量小、工作温度不高的工具。

T7 钢具有良好的韧性,但耐磨性不高,适于制作切削软材料的刃具和承受冲击负荷的工具。T8 钢具有较好的韧性和较高的硬度,适于制作冲头、剪刀,也可制作木工工具。T10 钢耐磨性较好,应用范围较广,适于制作切削条件较差、耐磨性要求较高的金属切削工具,以及冷冲模具和测量工具。T12 钢硬度高、耐磨性好,但是韧性低,可以用于制作不受冲击的、要求硬度高、耐磨性好的切削工具和测量工具。T12 钢是碳素工具钢中碳含量最高的钢种,其硬度极高,但韧性低,不能承受冲击载荷,只适于制作切削高硬度材料的刃具和加工坚硬岩石的工具。

10.2　合金钢

碳钢经热处理可以提高其力学性能,但由于淬透性低、回火抗力低以及不具备特殊性能(如耐高温性、耐低温性、耐磨性、耐腐蚀性、强磁性或无磁性)等缺点,使它的应用受到一定限制。一些重要的结构件和机器零件、工具和模具以及在高温、低温和腐蚀等恶劣环境下工作的零件都必须采用合金钢才能满足性能要求。所谓合金钢就是指为了改善钢的性能,在碳钢中加入某些合金元素的钢。常用合金元素有 Cr、Mn、Ni、Co、Cu、Si、Al、B、W、Mo、V、Ti、Nb、Zr、RE(稀土元素)等。钢中所含合金元素不同,其组织和性能也就不同。

10.2.1　合金元素在钢中的作用

合金元素在钢中大多数以固溶体(固溶于奥氏体、铁素体、马氏体中)或化合物(包括碳化物和金属间化合物)形式存在,它们在钢中的作用可以归纳如下:

1. 提高淬透性

除 Co 以外,大多数合金元素固溶于奥氏体中增加了奥氏体的稳定性,使 C 曲线右移,合金元素含量越高,右移就越明显,如图 10.1 所示,因而降低淬火的临界冷却速度,提高钢的淬透性。这样,大尺寸的零件淬火后,整个截面的组织、性能较均匀一致,而且还可以选用冷却速度低的淬火介质,避免淬火时的变形和开裂。如果合金元素含量很高,空冷就能得到马氏体。因此可以根据工件大小和受载条件,选择适当淬透性的合金钢,以获得所需的淬硬层,满足使用性能要求。

有些合金元素如 Mn、Cr、Mo、W 等,除使 C 曲线右移外,还能改变 C 曲线形状,将 C 曲线分为珠光体转变与贝氏体转变两个 C 曲线。其中 Mn 和 Cr 使贝氏体转变 C 曲线右移的作用大于使珠光体转变 C 曲线右移的作用(图 10.1(b));而 Mo、W 的作用刚好相反,它们使珠光体转变 C 曲线右移的作用大于使贝氏体转变 C 曲线右移的作用(图 10.1(c)),因而某些合金钢采用空冷就能得到贝氏体,例如,制造汽轮机转子的耐热钢 28CrMoNiVB 采用空冷可获得贝氏体,具有良好的综合力学性能和热处理工艺性能。

2. 提高回火抗力,产生二次硬化,防止第二类回火脆性

回火抗力是指淬火钢在回火过程中抵抗硬度下降的能力。合金元素固溶于马氏体中,减慢了碳的扩散,从而减慢了马氏体的分解过程并阻碍碳化物析出和聚集长大,因而在回火过程中合金钢的软化速度比碳钢慢,具有较高的回火抗力(图 10.2)。与同等含碳量的碳钢相比,在相同的回火温度下,合金钢有较高的强度和硬度,而回火至同一硬度,合金钢的回火温度高,内应力的消除比较彻底,因而其塑性和韧性比碳钢好。若钢中 Cr、W、Mo、V 等元素的质量分数超过一定量时,除了提高回火抗力之外,在 400℃ 以上还会形成弥散分布的特殊碳化物 Cr_7C_3、W_2C、Mo_2C、VC 等,使硬度重新升高,直到 $500\sim600℃$,硬度达到最高值,出现二次硬化(图 10.2(b))。二次硬化对高合金工具钢十分重要,通过 $500\sim600℃$ 回火可使高合金工具钢的硬度比淬火态高 5HRC 以上。

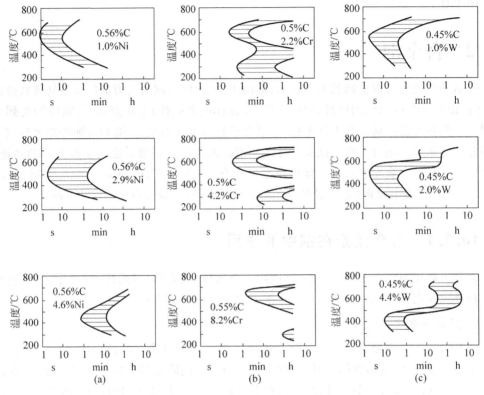

图 10.1 合金元素质量分数对 C 曲线的影响

（a）Ni 的影响；（b）Cr 的影响；（c）W 的影响

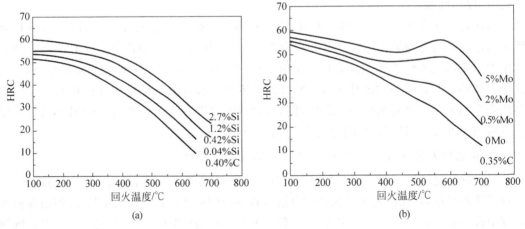

图 10.2 合金元素质量分数对回火的影响

（a）Si 的影响；（b）Mo 的影响

有些含 Cr、Mn 或 Cr-Ni、Cr-Mn 的合金钢在 500～600℃高温回火后，缓慢冷却至室温会出现冲击韧性下降，称为第二类回火脆性。它不仅使钢的冲击韧性降低，更重要的是使韧脆转化温度升高，因此，凡是选用 Cr、Mn 或 Cr-Ni、Cr-Mn 的合金钢制造，并在淬火＋高温回火状态下使用的零件都必须防止第二类回火脆性。通常，若零件尺寸较小，可以采用自回火温度快速冷却的方法消除第二类回火脆性；若零件尺寸较大，如汽轮机主轴、叶轮、镗床镗杆等，常采用在钢中加入 0.2%～0.3% Mo 或 0.4%～0.8% W 的办法来消除。在 250～400℃出现的冲击韧性下降称为第一类回火脆性，无论碳钢还是合金钢只要在该温度范围内回火均会出现，而且无法消除，因此应该避免在该脆性区温度进行回火。

3. 形成稳定的单相组织，提高耐腐蚀性、耐热性及固溶强化

合金元素固溶于铁素体和奥氏体中时，可以改变 Fe-Fe₃C 相图中 δ↔γ 和 γ↔α 的同素异构转变温度 A_4（NJ 线）和 A_3（GS 线）、共析温度 A_1 及 S 点、E 点位置。如 Ni、Mn、N 等元素使 A_4 升高、A_3 和 A_1 降低，S 点和 E 点向左下方移动，扩大 γ 区（图 10.3(a)），当其含量较高时（如 9%Ni 或 13%Mn）可将 A_3 降至室温以下，此时钢在室温保持奥氏体组织，称为奥氏体钢。奥氏体钢具有耐热性、耐腐蚀性、耐磨性、耐低温性，是重要的特殊性能钢。相反，Si、Cr、W、Mo、V、Ti、Al 等使 A_4 降低、A_3 和 A_1 升高，E 点和 S 点向左上方移动，缩小 γ 区（图 10.3(b)），当其质量分数很高时（如 17%～28%Cr），可使 γ 区消失，此时钢在室温下保持铁素体组织，称为铁素体钢。铁素体钢具有耐腐蚀性和耐热性，也是重要的特殊性能钢。显然，合金元素固溶于铁素体、奥氏体和马氏体中，还会使原子排列发生畸变，产生固溶强化。

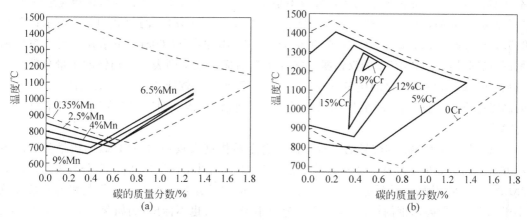

图 10.3　合金元素对 γ 区的影响

(a) Mn 的影响；(b) Cr 的影响

4. 细晶强化

大多数合金元素都能细化奥氏体和铁素体晶粒及马氏体针。尤其 Ti、V、Nb、Zr、Al 的阻碍作用最大，它们在钢中分别形成 TiC、VC、NbC、ZrC 和 AlN 细微质点，阻碍晶界移动，显著细化晶粒。细化晶粒对合金结构钢和合金工具钢十分重要，可以获得细小铁素体晶粒和细小马氏体针叶，不仅提高钢的强度和硬度，而且同时提高钢的塑性和韧性。近年来，研究者正在研究纳米材料，如果能将钢中奥氏体和铁素体晶粒或马氏体针条的尺寸细化到纳米尺度，则钢的强度、硬度、塑性、韧性将会大幅提高。

5. 形成特殊碳化物和金属间化合物，提高耐磨性和耐热性

在耐热钢中，合金元素 Si、Ni、Al、Ti 等可以形成金属间化合物 FeSi、Ni₃Al、Ni₃Ti 等，当它们呈弥散分布的细小颗粒时，可以提高钢的高温强度和耐热性；在合金工具钢中，合金元素 W、Mo、V、Ti 等易与碳形成特殊碳化物 W₂C、Mo₂C、VC、TiC 等，它们具有高熔点、高

硬度和高稳定性,当其数量较多,且呈均匀细小颗粒分布于马氏体基体上时,可以显著提高钢的强度和耐磨性。

综上所述,不同合金元素在钢中的作用不同,同一种合金元素,其含量不同,对钢的组织和性能的影响也不同,因此就形成了不同类型的合金钢。

10.2.2　合金钢分类及牌号

合金钢的种类繁多,通常按合金元素质量分数的多少分为低合金钢(含量<5%)、中合金钢(含量5%～10%)、高合金钢(含量>10%);按质量分为优质合金钢、特质合金钢。为了便于生产、选材、管理及研究,常按用途将合金钢分为三大类:合金结构钢、合金工具钢、特殊性能钢。

(1) 合金结构钢:其牌号是用数字＋化学元素＋数字的方法表示。前面的数字表示钢的平均碳的质量分数的万分数,化学元素以化学符号表示,后面的数字表示合金元素平均质量分数的百分数。当合金元素的质量分数小于1.5%时,牌号中只标明元素的化学符号,而不标明含量。合金元素的平均质量分数不小于1.5%、2.5%、3.5%、…时,则相应地以2、3、4等表示。例如,含有0.37%～0.44%C、0.8%～1.10%Cr的钢以40Cr表示;含有0.57%～0.65%C、1.5%～2.0%Si、0.6%～0.9%Mn的钢以60Si2Mn表示。对于滚珠轴承钢,在钢号前注明"滚"字的汉语拼音字首"G",后面的数字则表示平均铬的质量分数的千分数,如GCr15的平均铬的质量分数为1.5%。含S、P量较低(S<0.02%、P<0.03%)的高级优质钢,则在钢号的最后加以"A"。易切削钢,在钢号前冠以"易"字的汉语拼音字首"Y"。

(2) 合金工具钢:其牌号的表示方法与合金结构钢大致相同,只是碳的质量分数的表示方法不同。如果平均碳的质量分数不小于1%时不标出,小于1%时以千分数表示。例如9Mn2V表示平均碳的质量分数为0.9%、平均锰的质量分数大于1.5%、平均钒的质量分数小于1.5%。但高速钢例外,其碳的质量分数小于1%时也不标出,例如含0.7%～0.8%C、17.5%～19.0%W、3.8%～4.4%Cr、1.0%～1.4%V的高速钢用W18Cr4V表示。

(3) 特殊性能钢:其牌号的表示方法与合金工具钢相同。例如,9Cr18表示平均碳的质量分数为0.9%、平均铬的质量分数为18%;Mn13表示平均碳的质量分数大于1%、平均锰的质量分数为13%。但是当平均碳的质量分数不大于0.03%及不大于0.08%时,在钢号前面分别冠以"00"及"0"。例如,00Cr18Ni10表示平均碳的质量分数不大于0.03%,Cr、Ni的平均质量分数分别为18%、10%;0Cr18表示平均碳的质量分数不大于0.08%,平均铬的质量分数为18%。

10.3　合金结构钢

结构钢用于制造各种机器零件及工程结构,它是工业上应用最广、用量最多的钢材。除碳素结构钢外,对于形状复杂、截面较大、力学性能要求较高的机器零件和工程结构都采用合金结构钢。在碳素结构钢的基础上加入一种或几种合金元素就成为合金结构钢。合金结构钢的碳的质量分数可在0.1%～1.1%范围内变化,根据碳的质量分数不同,将合金结构钢分为低合金结构钢、合金渗碳钢、合金调质钢、合金弹簧钢、滚珠轴承钢。下面分别介绍它们的成分、热处理、性能及用途。

10.3.1　低合金结构钢

这类钢又称低合金高强度结构钢。碳的质量分数较低（≤0.2%），合金元素含量较少（总量不超过3%），常用合金元素为 Mn、Ti、V、Nb、Cu、P、RE，主要作用是强化铁素体、细化晶粒；此外，Cu、P 还可以提高钢的大气腐蚀抗力。因此，低合金结构钢的强度显著高于相同碳的质量分数的普通低碳钢，并具有较好的塑性、韧性以及良好的焊接性和耐大气腐蚀性，通常在建筑、桥梁、车辆、船舶、石油工业及机械制造工业中应用很广，可以显著减轻构件质量、节约钢材，并保证使用安全可靠性。例如，Q295 钢主要用于制造车辆、桥梁、容器、油罐等结构件；Q460 钢主要用于制造中温高压容器、锅炉、石油化工高压厚壁容器等。这类钢一般在热轧状态下使用，或进行一次正火处理后使用，其组织为铁素体＋珠光体。特殊用途的高强度钢要经过调质处理，获得回火索氏体组织以提高强度。更多的低合金高强度结构钢的牌号、成分、力学性能及用途可参考 GB/T 1591—2008。

10.3.2　合金渗碳钢

渗碳钢是指经渗碳热处理后使用的钢材，具有外硬内韧的性能，用于承受冲击的耐磨件。由于低碳钢的淬透性低，只适于制造尺寸较小或心部强度要求不高的零件。一些截面大或性能要求较高的零件如汽车、拖拉机、重型机床中的齿轮，内燃机的凸轮轴等在摩擦、交变载荷和冲击条件下工作，要求零件表面具有高硬度、高耐磨性及高疲劳强度，而心部则要求有良好的韧性，这时可采用合金渗碳钢制造，图10.4是合金渗碳钢的应用。

合金渗碳钢中碳的质量分数一般在0.10%～0.25%之间，低碳可以保证零件心部具有足够的韧性。常加入的合金元素有 Cr（< 2%）、Ni（<4.5%）、Mn（<2%）、B（0.001～004%）、W、Mo、V、Ti 等。其中 Cr、Ni、Mn、B 的主要作用是提高淬透性，改善零件心部组织和性能，并能提高渗碳层的强度与韧性，尤其以 Ni 的作用最为显著；少量的 W、Mo、V、Ti 等元素形成特

齿轮轴　　　　凸轮轴
图10.4　渗碳钢的应用

殊碳化物，阻止奥氏体晶粒在渗碳温度下长大，使零件在渗碳后能进行预冷直接淬火，并提高零件表面硬度和接触疲劳强度及韧性。

常见的合金渗碳钢牌号主要有 20Cr、20CrMn、20CrMnTi、20Cr2Ni4 等。20Cr、20MnV 等低淬透性合金渗碳钢主要制造负荷不大、小尺寸的零件，如小齿轮、活塞销。20CrMn、20CrMnTi 等中淬透性合金渗碳钢用于制造承受高速运转、中等或重载荷和剧烈摩擦条件

下的重要零件,如汽车、拖拉机的变速箱齿轮、离合器轴等零件。20Cr2Ni4 用于制造大截面、较高载荷、交变载荷下工作的重要零件,如柴油机曲轴、大型渗碳齿轮等。

对合金渗碳钢进行的预先热处理为正火,其目的是为了改变锻造状态的不正常组织,获得合适的硬度以利于切削加工。最终热处理一般是渗碳后淬火和低温回火。表层组织为高碳细针状回火马氏体+粒状碳化物+少量残余奥氏体,表面硬度一般为 58~64HRC,心部组织依钢的淬透性高低及零件尺寸的大小而定,可得到低碳回火马氏体或其他非马氏体组织,具有良好的强韧性。

更多的合金渗碳钢的牌号、成分、力学性能及用途可参考 GB/T 3077—2015。

10.3.3　合金调质钢

合金调质钢是指经过调质处理(淬火+高温回火)后使用的中碳合金结构钢。调质钢常应用于汽车、拖拉机、机床上的齿轮、轴类件、连杆、高强度螺栓等,如图 10.5 所示。这些零件在工作过程中承受扭转、弯曲和冲击负荷等多种复合应力的作用,因此要求它们既要有高的强度,又要有高的塑性,既要有良好的综合力学性能。

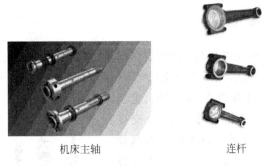

机床主轴　　　　　　　　连杆

图 10.5　合金调质钢的应用

合金调质钢中碳的质量分数在 0.25%~0.5% 之间,以保证调质处理后有足够的强度、塑性和韧性。若含碳量过低则不易淬硬,回火后得不到所需强度;若含碳量过高则韧性低,在使用中易发生脆性断裂。常用合金元素有 Cr、Ni、Mn、Si、B 等,主要作用是提高钢的淬透性和强化铁素体;加入少量的 W、Mo、V、Ti 等元素可形成稳定的合金碳化物,细化晶粒并可以防止或减轻回火脆性。

获得合金调质钢的热处理过程为:钢件经过淬火及高温回火处理(即调质处理),淬火处理获得马氏体组织,然后高温回火得到索氏体组织。40Cr、35CrMo、38CrMoAl、40CrNiMoA 等为常用的合金调质钢。例如,40Cr 为低淬透性合金调质钢,用于制造小截面尺寸、小载荷的零件,如连杆螺栓、机床主轴等;35CrMo 为中淬透性合金调质钢,用于制造截面尺寸较大、载荷较大的零件,如火车发动机曲轴、连杆等。38CrMoAlA 为高淬透性合金调质钢,用于制造大截面尺寸、大载荷的零件,如精密机床主轴,汽轮机主轴、航空发动机曲轴等。更多常用的合金调质钢的成分、热处理、力学性能和用途可参考 GB/T 3077—2015。

10.3.4　合金弹簧钢

弹簧是各种机械及仪表的重要零件,它可通过弹性变形储存能量,从而传递力和缓和机械所受的震动和冲击(如汽车、火车上的板簧和螺旋弹簧),或使其他零件完成事先规定的动作(如汽阀弹簧、仪表弹簧)。中碳钢和高碳钢都可作弹簧使用,但因其淬透性和强度较低,只能用来制造截面较小、受力较小的弹簧。合金弹簧钢则可制造截面较大、屈服极限较高的重要弹簧。

合金弹簧钢就是用于制造各种弹簧或要求类似性能的零件的钢种。

弹簧一般是在交变应力下工作,常见的破坏形式是疲劳破坏,因此必须具有高的弹性极限和屈服强度和抗疲劳性能,以保证其能吸收大量的弹性而不发生塑性变形。同时,弹簧钢还要求具有一定的塑性与韧性,一定的淬透性,不易脱碳及不易过热。一些特殊弹簧还要求有耐热性、耐蚀性或在长时间内有稳定的弹性。

合金弹簧钢为中、高碳成分,碳的质量分数一般在 0.5%~0.7% 之间,以满足高弹性极限、高强度的性能要求。常加入的合金元素主要有 Si、Mn、Cr、V、Nb、Mo、W,可强化铁素体、提高淬透性和耐回火性,提高弹性极限和屈强比。但加入过多的 Si 会造成钢在加热时表面容易脱碳,加入过多的 Mn 容易使晶粒长大。加入少量的 V 和 Mo 可细化晶粒,从而进一步提高强度并改善韧性。

常用的含 Si、Mn 元素的合金弹簧钢有 60Si2Mn,用于制造直径尺寸≤25mm 的弹簧,如汽车、火车的板弹簧和螺旋弹簧等;含 Cr、V 元素的合金弹簧钢有 50CrVA,用于制造直径尺寸≤30mm、在 350~400℃ 温度下工作的重载弹簧,如阀门弹簧等。

对冷成形弹簧,如钟表、仪表中的螺旋弹簧、发条弹簧片等,在成形前,钢丝或钢带先经冷拉(冷轧)或热处理(淬火+中温回火),使其具有高的弹性极限和屈服强度,然后冷卷或冷冲压成形,成形后再在 200~400℃ 温度下进行去应力退火。对热成形弹簧,如汽车、火车的板弹簧和螺旋弹簧等,先将剪裁好的扁钢和圆钢料加热至高温进行压弯或卷绕成形,然后经淬火+中温回火处理,最后进行喷丸处理,其目的是在弹簧表面产生残余压应力,以提高弹簧的疲劳强度。

合金弹簧钢的硬度为 40~48HRC,有较高的弹性极限和疲劳强度,以及一定的塑性和韧性。

常用的合金弹簧钢的成分、热处理、力学性能和用途可参考 GB/T 1222—2016。

10.3.5　滚珠轴承钢

轴承钢主要用于制造滚动轴承的内圈、外圈、滚动体和保持架。滚动轴承工作时,内、外圈与滚动体的高速相对运动使其接触面受到强烈的摩擦,因此要求所用材料具有高耐磨性;内、外圈与滚动体的接触面积很小,载荷集中作用于局部区域,使接触处容易压出凹坑,因此要求所用材料具有高硬度;内、外圈与滚动体的接触位置不断变化,受力位置和应力大小也随之不断变化,在这种周期性的交变载荷作用下,内、外圈和滚动体的接触表面会出现小块金属剥落现象,因此要求所用材料具有高的接触疲劳强度。此外,轴承钢还应有足够的韧性和淬透性,并在大气和润滑介质中有一定的抗蚀能力,并且对钢的内部组织、成分均匀性、碳化物的形状、大小、分布情况、非金属夹杂物及脱碳程度等都有严格的要求,否则,这些缺陷会显著缩短轴承的使用寿命。

滚动轴承钢的碳的质量分数为 $0.95\% \sim 1.10\%$,高的碳含量以保证高硬度和高强度。主要合金元素为 Cr(质量分数 $0.40\% \sim 1.65\%$)。Cr 主要是增加淬透性,并与碳形成颗粒细小而弥散分布的合金渗碳体,使钢具有高的接触疲劳强度和耐磨性。有时,轴承钢中还加入 Si、Mn、Mo 等元素以进一步提高其淬透性、弹性极限和抗拉强度。

轴承钢牌号前用字母"G"表示,后附元素符号 Cr 和其平均质量分数的千分数及其他元素符号,如 GCr4、GCr15、GCr15SiMn、GCr15SiMo、GCr18Mo 等。其中 GCr4、GCr15 的淬透性较低,用于制作中、小型滚动轴承及冷冲模、量具、丝杠等;GCr15SiMn、GCr15SiMo、GCr18Mo 的淬透性高,用于制作大型滚动轴承。

滚珠轴承钢的热处理主要为球化退火、淬火和低温回火。球化退火可获得细小均匀的球状珠光体,降低硬度,改善切削加工性能,并为淬火提供良好的原始组织,从而使淬火及回火后得到最佳的组织和性能。淬火和低温回火后获得细针状回火马氏体和均匀分布的细粒状(或球状)碳化物及少量残余奥氏体,硬度为 $61 \sim 65\text{HRC}$。对精密的轴承钢零件,为保证尺寸稳定性,可在淬火后立即进行冷处理($-80 \sim -60\,^{\circ}\text{C}$),以尽量减少残余奥氏体量。冷处理后进行低温回火和粗磨,接着在 $120 \sim 130\,^{\circ}\text{C}$ 进行时效,进一步减少残余奥氏体和消除内应力,保证尺寸稳定,最后进行精磨。常用的滚珠轴承钢的成分、热处理、力学性能及用途可参考 GB/T 18254—2016。

10.4　合金工具钢

合金工具钢的淬硬性、淬透性、耐磨性和韧性均比碳素工具钢高。按用途大致可分为刃具、模具和量具用钢。碳含量高的钢(碳的质量分数大于 0.80%)多用于制造刃具、量具和冷作模具,这类钢淬火后的硬度在 60HRC 以上,且具有足够的耐磨性;碳含量中等的钢(碳的质量分数 $0.35\% \sim 0.70\%$)多用于制造热作模具,这类钢淬火后的硬度稍低,为 $50 \sim 55\text{HRC}$,但韧性良好。

合金工具钢在碳素工具钢基础上加入 Si、Mn、Cr、Mo、W、V 等合金元素,根据合金元素的质量分数将其分为低合金工具钢和高合金工具钢。

10.4.1　低合金工具钢

加入合金元素总质量不超过 5% 的工具钢称为低合金工具钢。低合金工具钢碳的质量分数为 $0.5\% \sim 1.1\%$,常用合金元素为 Cr、Mn、Si、W、V 等。Cr、Ni、Mn、Si 的主要作用是提高钢的淬透性、回火抗力及钢的强度,W、V 作用可形成稳定的特殊碳化物,提高钢的硬度和耐磨性并细化晶粒,改善钢的韧性。

低合金工具钢的预先热处理为球化退火,目的是获得细小均匀的颗粒状碳化物,改善切削加工性。最终热处理为淬火和低温回火,回火后的组织是细针状回火马氏体、细粒状碳化物及少量残余奥氏体,硬度为 $60 \sim 65\text{HRC}$。

常用的低合金工具钢有 9Mn2V、9SiCr、Cr2、CrWMn、5CrNiMo、5CrMnMo 等。

10.4.2　高合金工具钢

高合金工具钢的合金元素总质量＞10％。低合金工具钢当回火温度高于 300℃时其硬度急剧下降。在实际生产中有些刀具是在高速切削条件下工作，其刃部温度往往可达 600℃，有些模具是在 500℃下工作，因此，必须要求工具的硬度在高温下仍保持在 60HRC 以上，此时必须选用合金元素含量高的工具钢。

1. 高速钢

高速钢是用于制造高速切削刀具的专门钢种，故因此而得名。高速钢的种类很多，可分为钨系、钼系、钒系。它们具有较高的碳和碳化物形成元素 Cr、W、Mo、V，其大致成分为 0.70％～1.50％C、6.0％～19.0％W、0～6.0％Mo、3.8％～4.0％Cr、1.0％～5.0％V（质量分数）。Cr、Mo、W、V 的主要作用是提高钢的淬透性和回火抗力及形成特殊碳化物，提高耐磨性、红硬性和细化晶粒，改善钢的韧性。高含量的碳可以保证淬火后马氏体有足够的硬度，还与合金元素作用形成足够数量的特殊碳化物，如 $Cr_{23}C_6$、W_2C、Mo_2C、VC、Fe_3W_3C 等，以保证钢的高硬度、高耐磨性和热硬性。

铸态高速钢中含有大量共晶碳化物，它们在钢锭中呈鱼骨状，轧制成钢材后，这些共晶碳化物被破碎为带状、网状、大颗粒、大块堆集时，显著降低钢的强度、塑性和韧性，使工具容易脆断或磨损；当碳化物呈细小颗粒均匀分布时，工具的耐磨性好、强度高、韧性好，使用寿命长。因此，用高速钢制造工具时，锻造时要控制锻压比，锻压比大于 10 并反复镦粗、拔长。例如，采用三镦三拔工艺，使粗大碳化物破碎成小颗粒均匀分布，以提高钢的强度、塑性和韧性。

高速钢的预先热处理为球化退火，进一步细化碳化物从而获得细小均匀的颗粒状碳化物（退火后的组织为索氏体＋细粒状碳化物）、降低硬度、改善切削加工性，并为淬火作组织上的准备；最终热处理为淬火＋高温回火。由于合金碳化物十分稳定，淬火时必须加热到 1200～1300℃的高温，使碳化物大部分溶解于奥氏体中，淬火后得到富含合金元素的细针状高碳马氏体＋大量残余奥氏体＋细粒状碳化物。这种富含合金元素的马氏体和残余奥氏体的回火抗力极好，在 550～570℃回火时硬度不但不降低，反而由于析出弥散碳化物（Mo_2C、W_2C、VC），以及回火冷却时残余奥氏体转变为马氏体而使硬度重新升高，产生二次硬化。为了使残余奥氏体尽量减少，提高硬度和消除内应力，高速钢通常是在 550～570℃回火 3 次，每次 1h，回火后组织为细针状马氏体＋粒状碳化物＋少量残余奥氏体，其硬度为 63～66HRC。

为进一步提高高速钢刀具的切削性能，在淬火回火后还可进行表面处理，如蒸汽处理、氮碳共渗、离子渗氮、离子注入等。

常用高速钢为 W18Cr4V、W6Mo5Cr4V2 等。它们的成分、热处理及用途可参考 GB/T 9943—2008。

2. 高铬钢

高铬钢常用于制作模具材料。其典型代表是 Cr12 和 Cr12MoV，钢中含碳和铬的质量分数都很高。高铬钢的组织和性能与高速钢有许多相似之处,通过反复锻造和球化退火获得细小、均匀分布的碳化物,然后进行淬火和回火,得到回火马氏体＋粒状碳化物＋残余奥氏体的显微组织,具有高耐磨性。

高铬钢淬火和回火工艺有两种:

(1) 低温淬火及低温回火(一次硬化法):将模具加热至 $950\sim1000\,℃$ 淬油,然后在 $160\sim180\,℃$ 回火,回火硬度可达 $61\sim64\text{HRC}$。一次硬化法使模具有较好的耐磨性与韧性,并且变形小。凡承受较大负荷和精度要求较高、形状复杂的模具都宜选用这种方法。若模具承受较大冲击力,则可适当提高回火温度($250\sim270\,℃$)以降低硬度($58\sim60\text{HRC}$),在保证耐磨性的条件下有足够的强度与韧性。

(2) 高温淬火及高温多次回火(二次硬化法):淬火加热温度为 $1100\sim1150\,℃$,淬火后由于保留了大量残余奥氏体,硬度较低($40\sim45\text{HRC}$),然后于 $510\sim520\,℃$ 回火 $2\sim3$ 次,发生二次硬化,硬度可提高至 $60\sim62\text{HRC}$。二次硬化法能提高模具的红硬性和耐磨性。但由于淬火温度高,晶粒粗大,韧性较低,热处理变形较大,所以只适用于承受强烈磨损并在 $400\sim500\,℃$ 下工作的模具或需要进行渗氮处理的模具。

另外,3Cr2W8V 钢经淬火和高温回火后获得回火托氏体,具有高的红硬性、耐热疲劳性能(即在反复加热和冷却过程中不易产生裂纹)及较好的高温强度和韧性,常用于制作热挤压模和压铸模。

10.5　特殊性能钢

特殊性能钢包括不锈钢、耐热钢、低温钢、耐磨钢等,常用于机械制造、航空、化学、石油等工业部门中的机器和结构中,可在一定温度(高温或低温)和一定介质(酸、碱、盐)中工作。

10.5.1　不锈钢

腐蚀是许多金属零件失效的重要原因之一。腐蚀不仅消耗大量钢铁,还降低机器设备的精度,缩短机器零件寿命,因此提高金属的耐腐蚀性具有重要的意义。不锈钢就是在自然环境或一定工业介质中具有耐腐蚀性的钢种。

不锈钢中碳的质量分数范围为 $0.03\%\sim0.95\%$,合金元素的质量分数很高,总量为 $12\%\sim38\%$。常加入的合金元素有 Cr、Ni、Si、Al、Mo、Ti、Nb 等。Cr、Ni 使钢在室温下呈单相组织(铁素体和奥氏体),减轻电化学腐蚀。Cr、Si、Al 在钢的表面形成致密氧化膜 Cr_2O_3、SiO_2、Al_2O_3,保护其内部不受腐蚀,当铬的质量分数超过 12% 时,还可以提高基体的电极电位,防止晶间腐蚀。铬是提高耐腐蚀性能的最佳合金元素。Al、Mo、Ti、Nb 可以形成稳定碳化物 TiC、NbC 和金属间化合物 Ni_3Al、Nb_3Mo、$Ni_3(Ti、Nb)$ 等,防止晶间腐蚀和提高钢的强度。常用不锈钢有马氏体型、铁素体型、奥氏体型、奥氏体-铁素体型和沉淀硬化型。

1. 马氏体型不锈钢

马氏体型不锈钢含有 C 和 Cr 的质量分数分别为 $0.1\%\sim1.0\%$ 和 $12\%\sim18\%$,淬透性好,空冷时可形成马氏体,因此称为马氏体型不锈钢。这类钢在氧化性介质中(如大气、水蒸气、海水、氧化性酸)有较好的耐蚀性,而在非氧化介质中(如盐酸、碱溶液等)耐蚀性低。随碳的质量分数增加,钢的强度、硬度、耐磨性及切削性能显著提高,但耐蚀性降低,故这类钢主要用于制造力学性能要求较高而在弱腐蚀介质中工作及耐蚀性要求较低的机械零件和工具,如汽轮机叶片、医疗器械等。

常用马氏体型不锈钢有 1Cr13、2Cr13、3Cr13、4Cr13、9Cr18。由于钢中加入 12%Cr(质量分数)时使 Fe-Fe₃C 相图的共析点位置左移至 0.3%C(质量分数)附近,则 3Cr13 和 4Cr13 就分别属于共析钢和过共析钢了。因此在工业上一般把 1Cr13、2Cr13 作为结构钢使用,而把 3Cr13、4Cr13、9Cr18 作为工具钢使用。

马氏体型不锈钢的淬透性好,锻造空冷便可获得马氏体,硬度较高。为了改善切削加工性,必须进行退火,通常是将锻件加热至 850～900℃保温 1～3h,然后慢冷至 600℃后空冷。为了提高钢的力学性能及耐蚀性,马氏体不锈钢的最终热处理为淬火和回火。淬火加热温度为 1000～1100℃,回火温度由性能要求决定。高硬度则采用低温回火(150～300℃),如,3Cr13 和 4Cr13 低温回火后硬度可达 50HRC 以上,常用作医疗器械和不锈钢的刃具;若要求较好的强韧性的配合则采用高温回火(600～750℃),因有第二类回火脆性倾向,回火后应快速冷却,如 1Cr13 和 2Cr13 高温回火后得到回火索氏体组织,强度可达 900MPa 左右,用作汽轮机叶片和蒸汽管附件,工作温度可达 500℃。

2. 铁素体型不锈钢

铁素体型不锈钢碳的质量分数较低(≤0.15%),而铬的质量分数较高(12%～30%),室温和 1000℃以下均为单相铁素体组织,故称为铁素体型不锈钢。铁素体型不锈钢耐酸能力强、抗氧化性能好、塑性高,但强度较低,不能用热处理方法强化。铁素体型不锈钢主要用于对力学性能要求不高,但对耐蚀性要求很高的机器零件和结构,如硝酸的吸收塔及热交换器,磷酸槽等,也可作为高温下抗氧化的材料使用。常用铁素体不锈钢有 0Cr13、1Cr17、1Cr28。

3. 奥氏体型不锈钢

奥氏体型不锈钢的碳的质量分数较低(<0.12%),铬(17%～25%)和镍(8%～29%)的质量分数较高,有时加入少量的 Mn 和 N。Ni、Mn、N 是扩大了奥氏体区域,使钢在室温下得到单相奥氏体组织,故称为奥氏体型不锈钢。这种钢具有高的耐蚀性、塑性和低温韧性以及高的加工硬化能力,无磁性,而且具有良好的焊接性能,是工业上应用最广泛的不锈钢。最常用的奥氏体不锈钢是平均铬的质量分数≥18%、镍的质量分数≥8%的 18-8 型不锈钢,如 0Cr18Ni9、1Cr18Ni9、1Cr18Ni9Ti 等,用于制造硝酸、有机酸、盐、碱等工业中的机器零件和结构,也可作抗磁仪表零件。

奥氏体不锈钢的主要缺点是容易产生晶间腐蚀。晶间腐蚀是一种十分严重的腐蚀形式,此时钢的表面看起来十分光亮,但敲击时已失去金属声,若稍许用力即碎成粉末。晶间腐蚀产生原因是沿晶界析出 Cr₂₃C₆、(Cr、Fe)₂₃C₆ 等碳化物,造成晶界附近区域贫铬,使铬的质量分数低于 12%(该值是保证耐蚀性的最低铬的质量分数)。为防止晶间腐蚀,通常采用 3 种方法:①降低钢中碳的质量分数(< 0.06%),使之不形成 Cr₂₃C₆、(Cr、Fe)₂₃C₆;②在钢中加入适量强碳化物形成元素 Ti 和 Nb,优先形成 TiC 和 NbC,而不形成 Cr₂₃C₆、(Cr、Fe)₂₃C₆;③进行固溶处理或退火处理,使奥氏体成分均匀化,抑制 Cr₂₃C₆、(Cr、Fe)₂₃C₆ 的形成。这样,便可以消除晶界附近贫铬区,不会产生晶界腐蚀。

18-8 型奥氏体不锈钢经固溶处理后强度很低、塑性很好,这类钢在固溶处理状态下是不适于作结构材料使用。但由于它有很好的加工硬化能力,可以用冷变形方法获得显著强化。为防止应力腐蚀,冷变形后的奥氏体不锈钢必须进行去应力退火,即加热至 300～350℃保温一定时间后出炉空冷。

4. 奥氏体-铁素体型不锈钢

奥氏体-铁素体型不锈钢是在 18-8 型不锈钢基础上调整 Ni、Cr 的质量分数,并加入适量的其他元素,如 Mn、Mo、W、Cu、N 等而形成的双相不锈钢,兼有奥氏体不锈钢和铁素体不锈钢的特性。通常采用 1000～1100℃淬火(韧化处理),获得体积分数为 60% 的铁素体的奥氏体-铁素体双相组织,具有较高的耐蚀性、较高的抗应力腐蚀能力、抗晶间腐蚀能力及良好的焊接性能。常用的双相不锈钢有 1Cr21Ni5Ti,1Cr17Mn9Ni3Mo3Cu2N、1Cr18Mn10Ni5Mo3N 等,用于硝酸、硫酸、尿素等化工设备及管道。

5. 沉淀硬化型不锈钢

沉淀硬化型不锈钢是在 18-8 型奥氏体不锈钢基础上适当降低镍的质量分数,并加入适量的 Al、Cu、Mo、P 等元素,以便在热处理时能析出金属间化合物,实现沉淀硬化。这类钢经沉淀硬化处理后具有很高的强度和硬度,在许多介质中的耐蚀性与 18-8 型奥氏体不锈钢相近,用于制造要求高强度、高硬度、高耐蚀性的零件,目前已成为火箭技术的重要结构材料。

常用不锈钢的成分、热处理、力学性能和用途可参考 GB/T 1220—2007。

10.5.2　耐热钢

耐热钢是指在高温下具有高的热稳定性和热强性的特殊钢。高的热稳定性即高温抗氧化能力,使零件表面形成致密的氧化膜,保护其内部不被氧化;高的热强性即具有高的蠕变抗力和持久强度,使零件在高温下具有抵抗塑性变形和断裂的能力。常加入的合金元素有 Cr、Ni、Al、Si、Mn、Mo、W、V、Ti、Nb、N 等。其中 Cr、Ni、W、Mo 的主要作用是固溶强化和形成单相组织并提高再结晶温度,从而提高钢的高温强度;V、Ti、Nb、Al 等形成稳定弥散的碳化物 VC、TiC、Nb 和金属间化合物 Ni_3Ti、Ni_3Nb 等。在高温使用温度下不容易聚集长大,提高组织稳定性,从而提高高温强度。Cr、Al、Si 可形成致密氧化膜,提高抗氧化温度。

耐热钢按正火组织可分为珠光体型、马氏体型、铁素体型及奥氏体型。

1. 珠光体型耐热钢

这类钢的碳的质量分数为 0.1%～0.4%,主要合金元素是 Cr、Mo、W、Si、V 等,其特点是合金元素的质量分数少、膨胀系数小,导热性好,并有良好的冷、热加工性能和焊接性能,热处理简单,一般用正火处理,得到细片状珠光体组织,故称珠光体耐热钢。常用钢号有 15CrMo、12CrMoV、12Cr2MoWVB 等,广泛用于动力、石油、化工等部门作为工作温度在 600℃以下的锅炉及管道用钢。

2. 马氏体型耐热钢

这类钢淬透性好,空冷就能得到马氏体,故称为马氏体型耐热钢。包括两种类型,一类是低碳高铬钢,它是在 Cr13 型不锈钢基础上加入 Mo、W、V、Ti、Nb 等合金元素,形成稳定碳化物和强化铁素体,提高钢的高温强度。常用钢号有 1Cr13、1Cr11MoV、1Cr12WMoV 等,它们在 500℃以下具有良好的蠕变抗力和优良的消震性,最宜用于制造汽轮机的叶片,故又称叶片钢;另一类是中碳铬硅钢,其抗氧化性好,蠕变抗力高,具有较高硬度和耐磨性。常用的钢号有 4Cr9Si2、4Cr10Si2Mo 等,主要用于制造使用温度低于 750℃发动机排气阀,故又称气阀钢。马氏体耐热钢通常是在淬火(1000~1100℃加热后空冷或油冷)及高温回火(650~800℃空冷或油冷)获得回火索氏体状态下使用。

3. 铁素体型耐热钢

这类钢是在铁素体不锈钢基础上加入 Si、Al 等合金元素以提高抗氧化性。其特点是抗氧化性强,但高温强度低,焊接性能差,脆性大,多用于受力不大的加热炉构件。常用钢号有 1Cr13Si3、1Cr13SiAl、1Cr18Si2、1Cr25Si2 等。

4. 奥氏体型耐热钢

这类钢是在奥氏体不锈钢基础上加入 W、Mo、V、Ti、Nb、Al 等元素以强化奥氏体,并形成稳定碳化物和金属间化合物,提高钢的高温强度。常用钢号有 1Cr18Ni12Ti、1Cr15Ni36W3Ti、4Cr14Ni14W2Mo 等,这些钢具有高的热强性和抗氧化性,高塑性和冲击韧性,并具有良好的焊接性和冷成形性。主要用于制作 600~850℃间的高压锅炉过热器、汽轮机叶片、叶轮、紧固件等。奥氏体耐热钢的热处理一般为固溶处理(1000~1150℃加热后水冷或油冷)或固溶处理+时效处理,获得单相奥氏体或奥氏体+弥散碳化物和金属间化合物。时效处理温度应比使用温度高 60~100℃,其作用是使组织稳定并通过强化相的析出提高钢的高温强度。

以上介绍的耐热钢仅适用于工作温度低于 800℃的零件和结构。若工作温度超过 800℃应选用镍基、钴基等耐热合金;如果工作温度在 1000℃以上则应采用铌基、钼基、陶瓷合金。

常用耐热钢的成分、热处理及力学性能及用途可参考 GB/T 1221—2007。

10.5.3 低温钢

低温钢是指用于工作温度在 0℃以下的零件和结构的钢种。广泛应用于各种液化石油气、液氧、液氢的制造、输送和储存以及海洋工程、寒冷地区的开发所用的机械设备。

衡量低温钢性能的主要指标是低温韧性即低温冲击韧性和韧脆转化温度。材料的低温冲击韧性越高和韧脆转化温度越低,则低温韧性越好。钢的成分和组织对低温韧性有显著影响。C、P、Si 使韧脆转化温度升高,尤其以 C、P 最为显著,故其质量分数必须严格控制,通常低温钢中要求 C 的质量分数≤0.2%,P 的质量分数≤0.04%,Si 的质量分数≤0.60%。而 Mn 与 Ni 使韧脆转化温度降低,对低温韧性有利,尤以 Ni 最为显著。Al、V、Ti 可以细化晶粒,提高钢的低温冲击韧性。常用的低温钢有低碳锰钢、镍钢及奥氏体不锈钢,可以根据零件和结构的使用温度加以选择。若加入 V、Ti 和稀土元素(RE)进一步细化晶粒,从而降低使用温度,例如,09Mn2VRE 和 09MnTiCuRE 正火态就可使用于-70℃;含 Ni 的质量分数为 9%的镍钢可使用于-196℃;而奥氏体不锈钢是最理想的低温钢,可用于-269℃。

常用低温钢的成分、热处理及力学性能及使用温度可参考 GB/T 3531—2014。

10.5.4　耐磨钢

耐磨钢是指用于制造使用过程中经受严重磨损和强烈冲击或振动的零件的钢种。常用的耐磨钢是高锰钢,高锰钢的主要成分为 0.9%～1.5%C、11%～14%Mn、0.3%～1.0%Si (质量分数)。Mn 是扩大 γ 区的元素,高锰钢经固溶处理后可以获得单相奥氏体组织,韧性很好,硬度不高,当受到剧烈冲击及高压力作用时,表层的奥氏体将迅速产生加工硬化,伴有奥氏体向马氏体的转变,硬度大幅提高,形成硬而耐磨的表面,但其内部仍保持原有的低硬度状态。当表面一层磨损后,新的表面将继续产生加工硬化,并获得高硬度。由于高锰钢具有很高的加工硬化能力,切削加工十分困难,基本上都是铸造成形,故其钢号表示为ZGMn13(ZG 为铸钢二字的汉语拼音字首)。

高锰钢多用于制造承受冲击及压力并要求耐磨的零件,如坦克或拖拉机履带板、球磨机滚筒衬板、铁路道岔、碎石矶颚板、挖掘机铲斗等,也可制用保险箱钢板、防弹板。

10.6　实验部分

10.6.1　实验目的

(1) 了解碳钢及合金钢在日常生活中的应用。

(2) 制备金相分析样品,观察组织,测试性能,并分析组织对性能的影响。

(3) 根据钢材的服役条件,尝试进行选材及设计。

10.6.2　实验设备及用品

所需设备及用品包括不同加热温度的热处理炉、冷却用油槽和水槽、金相预磨机及抛光设备、金相显微镜及图像采集系统、硬度计、淬火油及其他所需液体、夹钳、耐火手套、安全面罩等。

10.6.3　实验内容

1. 自行车拆解及各部位零件材料的分析研究

日常使用的自行车绝大部分零件都是钢材料,不同的部位由于履行不同的功能需要不同的钢种以及不同的热处理制度。图 10.6 为自行车及部分零件的示意图,如链条、轴、辐条、弹簧等。

(1) 选取自行车中感兴趣的零件部位进行截样、镶嵌、制样、观察、分析组织、性能测试。

(2) 根据所选零件的服役条件,选取类似钢材,并设计热处理工艺,使得钢材经过热处理后的组织和性能符合自行车零件的使用要求。

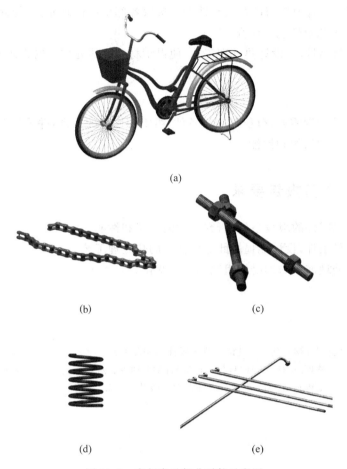

图 10.6　自行车及部分零件示意图

(a) 自行车；(b) 链条；(c) 轴；(d) 弹簧；(e) 辐条

2. 瑞士军刀与普通钢刀的组织与性能探讨

图 10.7 为多功能型的瑞士军刀，包括刀片，剪刀，锉刀等。军刀锋利耐用，性能优良。研究分析瑞士军刀与国产普通刀具的成分、组织、工艺和性能差别。

图 10.7　瑞士军刀

（1）研究军刀和普通钢刀的组织和性能。选取各部位进行研究,进行截样、镶嵌、制样,进行成分、组织、工艺及性能的研究。

（2）选取类似钢材,并设计热处理工艺,使得钢材经过热处理后的组织和性能符合刀具使用要求。

3. 自选实验

鼓励自选其他钢制零件,分析其服役条件、组织和性能的关系,并设计热处理工艺,研究热处理前后的钢材的组织和性能变化。

10.6.4　实验报告要求

（1）分析所选零件的服役条件,研究零件的组织和性能。

（2）根据服役条件,设计能提高此零件性能的热处理工艺。

（3）分析热处理前后的钢材的组织和性能变化。

参考文献

[1]　沈莲.机械工程材料[M].北京:机械工业出版社,2007.

[2]　沈莲,柴惠芬,石德珂.机械工程材料与设计选材[M].西安:西安交通大学出版社,1996.

[3]　朱张校,姚可夫.工程材料[M].北京:清华大学出版社,2012.

第 11 章

钢的热处理及其晶粒细化

11.1 钢晶粒细化的必要性

对于新一代钢铁材料,提高屈服强度、降低韧脆转变温度是研究和开发的重点。提高钢铁材料强度的途径主要有:①固溶强化,即通过合金元素和间隙原子溶解于基体组织产生固溶强化;②位错强化,通过加工变形增加位错密度使得钢材承载时位错运动困难;③细晶强化,通过晶粒细化使位错穿过晶界受阻;④析出强化,通过第二相(一般为 $M(C,N)$ 析出相或弥散相)使位错发生弓弯和受阻产生析出强化。各种强化机制的效果见图 11.1。其中,细晶强化能够同时提高钢强度和韧性。

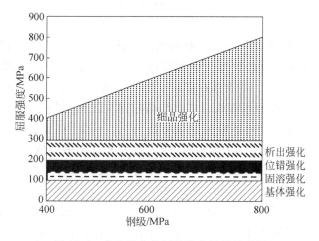

图 11.1 各种强化机制的强化效果示意图

钢的屈服强度 σ_s 与晶粒直径 d 的关系符合霍尔-皮奇(Hall-Petch)公式:

$$\sigma_s = \sigma_0 + Kd^{-1/2}$$

(11.1)

式中,σ_0 为抵抗位错在晶粒中运动的摩擦阻力;K 为与材料相关的常数。

抗拉强度也可写出类似的方程。可见晶粒越细小,钢的强度越高。不仅如此,细晶粒还可以提高钢的塑性和韧性。对于低碳钢,皮奇根据断裂应力与晶粒直径的关系,得出晶粒直径 d 与韧脆转变温度存在如下关系:

$$T_c = K - \beta \ln d^{-1/2} \qquad (11.2)$$

式中,K 与 β 为常数。晶粒越细小,位错塞积的数目下降,使得不易产生应力集中,则解理断裂不易形成,因而使韧性增强,钢的韧脆转变温度下降。

通过晶粒细化,钢的强度和塑性得到显著改善,同时也保持较高的韧性。因此,从强韧化的角度出发,研究钢的晶粒大小是十分必要的。在实现晶粒细化的途径上,有微合金化、形变诱导相变、形变热处理、等径转角挤压等。不同细化手段有不同的适用条件,如加工变形处理容易在钢中产生织构,使钢的性能具有方向性,从而限制其应用。本章只对热处理相变细化晶粒原理及工艺进行详细探讨。

11.2　奥氏体的晶粒度及晶界显示

11.2.1　奥氏体的晶粒度

奥氏体晶粒的大小对钢材经热变形、退火或淬火后的某些机械性能(尤其是动负荷强度)、淬透性等性能都具有很大影响。通常,高温下奥氏体晶粒越小,冷却后会得到的室温组织也越细小。奥氏体晶粒大小是用晶粒度来衡量的。

(1)起始晶粒度:加热时奥氏体转变刚刚完成,即奥氏体晶粒边界刚刚相互接触时的奥氏体晶粒大小称为起始晶粒度。通常情况下,起始晶粒度总是比较细小、均匀的。起始晶粒度 n_0 取决于形核率和长大速度。

$$n_0 = 1.01(I/v)^{1/2} \qquad (11.3)$$

式中,I 为形核率;v 为长大速度。

(2)本质晶粒度:根据 YB 27—64 标准实验方法,在 930℃±10℃,保温 3~8h 后测定的奥氏体晶粒大小称为本质晶粒度。如晶粒度为 1~4 级,称为本质粗晶粒钢,晶粒度为 5~8 级,则为本质细晶粒钢。本质晶粒度用于表示在规定的加热条件下奥氏体晶粒长大的倾向性。值得注意的是,我们不能认为本质细晶粒钢在任何加热条件下晶粒都不粗化。钢的本质晶粒度与钢的成分和冶炼时的脱氧方法有关。一般用 Al 脱氧或者含有 Ti、Zr、V、Nb、Mo、W 等元素的钢都是本质细晶粒钢,因为这些元素能够形成难熔于奥氏体的细小碳化物或氮化物质点,阻止奥氏体晶粒长大。只用硅、锰脱氧的钢或者沸腾钢一般为本质粗晶粒钢。

(3)实际晶粒度:钢在某一具体的加热条件下实际获得的奥氏体晶粒的大小称为实际晶粒度。实际晶粒度取决于本质晶粒度和实际热处理条件。实际晶粒一般总比起始晶粒大。

11.2.2　原奥氏体晶界的显示

钢加热到临界点以上奥氏体化(此时的奥氏体称原奥氏体,其晶界为原始奥氏体晶界),

以不同的速度冷却,得到不同的组织,但原始奥氏体晶界并没有消失。原始奥氏体晶粒的大小对钢的力学性能和工艺性能有很大的影响,由此可见研究钢的奥氏体晶粒的必要性。晶粒度的测定过程中,晶粒显示的质量对评价晶粒度的准确影响很大,不失真地显示钢的原始奥氏体晶界是一个难点,常见的原始奥氏体晶界显示方法有氧化法和化学侵蚀法。

氧化法即试样经高温加热时,表层奥氏体晶界优先氧化.在晶界处形成氧化物网络,利用该氧化物网络来评定钢的奥氏体晶粒度。氧化法所显示的奥氏体晶粒位于试样的最表层,高温加热和保温时,试样的表层要发生氧化和脱碳,表层碳含量降低,当碳含量达到某一值时,会发生 $\gamma \to \alpha$ 相的转变。而且,奥氏体晶界的氧化物网络将对钢的奥氏体晶粒的长大产生影响。试样热到规定温度,当相变完成后的瞬间,奥氏体晶粒是细小的,试样表层轻微脱碳,氧化层较薄,见图 11.2 中 t_1。这时,表层的奥氏体晶粒度与内层和心部的原始成分的奥氏体晶粒度相差不大。随着时间的延长,细小的奥氏体晶粒将依一定方式聚集长大,试样表面的氧化层也将不断增厚,见图 11.2 中 t_2 和 t_3,反映前一时刻奥氏体晶粒度的氧化晶界早已消失在氧化层中,此时的氧化晶界已经是一个新的、与长大了的奥氏体晶粒尺寸相当的氧化晶界。若试样表面氧化层的增厚速度与奥氏体晶粒的长大速度同步,氧化法所显示的奥氏体晶粒度与内层或心部的原始成分的奥氏体晶粒度将基本一致。

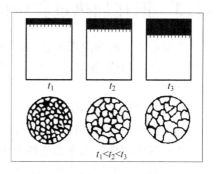

图 11.2 氧化法示意图

若试样表面氧化层的增厚速度滞后于奥氏体晶粒的长大速度,那么,试样表层奥氏体晶界形成的氧化物网络将阻止奥氏体晶粒长大,此时氧化法所显示的奥氏体晶粒度将比内层或心部原始成分的晶粒度偏细。各钢种抗高温氧化的能力是不相同的,碳钢的抗高温氧化能力较差,氧化层的增厚速度与奥氏体晶粒的长大速度大致同步,因而氧化法与晶粒边界腐蚀法所显示的奥氏体的晶粒度相差不大。合金钢抗高温氧化的能力相对要好,氧化层的增厚速度滞后于奥氏体晶粒的长大速度,因此氧化法所显示的奥氏体晶粒比晶粒边界腐蚀法所显示内层或心部的奥氏体晶粒要细。因此,使用氧化法显示原奥氏体晶界,容易出现假象,使用时要慎重。

有研究者采用化学侵蚀法较好地显示了 20CrMnTi、40、40Cr、35CrMo、8CrSiMoV 五种钢的淬火态、低温回火态、高温回火态三种不同热处理状态下的原奥氏体晶界。试剂配方为:蒸馏水 50mL,苦味酸 2~3g,海鸥牌洗头膏 1~2g。具体方法如下:将配制好的试剂加热到 60℃±10℃,再把试样放入侵蚀 10~15min(若试剂加到温度后往里滴几滴 H_2O_2,则侵蚀时间可缩到 5~10min),此时试样表面已变为黑色,取出用脱脂棉擦去试样表面的黑膜,至深灰色,烘干即可观察,若腐蚀太浅,可继续腐蚀;若腐蚀太深可轻轻地抛光。对一些原奥氏体晶界难显示的试样,则需要侵蚀、抛光、再侵蚀、再抛光重复几次,侵蚀及抛光的时间依次缩短。表 11.1 中摘录了 ASTM 标准中关于钢的晶界腐蚀试剂的情况。

表 11.1 晶界腐蚀试剂(ASTM)

试　　剂	方　　法
5mL HCl,1g 苦味酸,100mL 乙醇(体积分数 95%)或甲醇(体积分数 95%)	浸蚀或擦拭试样数秒至 15min,可加入几滴 3% H_2O_2 加速腐蚀
2g 苦味酸,5 滴 HCl,100mL 水	浸蚀 5～10s
10g CrO_3,100mL 水	电解腐蚀 3～5s(6V)
10mL HCl,5mL HNO_3,85mL 乙醇(体积分数 95%)或甲醇(体积分数 95%)	浸蚀数分钟至深杜腐蚀,然后轻轻抛光
60mL HNO_3,40mL 水	电解腐蚀(1V,120s,不锈钢阴极;0.6V,铂阴极)

11.3　钢在加热过程中的组织转变

要制定正确的热处理工艺,必须首先了解钢在热处理过程中的相变组织转变规律。热处理工艺是由加热、保温和冷却三个阶段组成,钢的加热转变是研究钢在加热时转变为奥氏体的过程。

钢加热时的奥氏体化过程包括:α→γ 转变、渗碳体或特殊碳化物、氮化物或金属间化合物在奥氏体中溶解、奥氏体晶粒的再结晶。萨多夫斯基等学者认为,加热时奥氏体形成分为晶体的有序切变和无序相变两类相变机制。在前者情况中,α→γ 转变不伴随有相变重结晶,恢复原始组织晶粒,表现出组织遗传性;在后者情况中,奥氏体无序长大的同时产生重结晶,结晶组织细化,若出现组织遗传性也只表现在断口中。

组织遗传性的出现很大程度上取决于钢的原始组织。加热原始无序的组织(铁素体+碳化物)时仅发生无序的重结晶机制,即 α→γ 相过渡与奥氏体再结晶过程重合,因而得到很细的奥氏体晶粒。显然,加热速度越快,所得晶粒就越细,因为新的奥氏体相形核速度要高于其长大速度。进一步在奥氏体区加热,则会引起晶粒长大,称为聚集再结晶,或二次再结晶。加热结晶有序的原始组织(马氏体、贝氏体、魏氏组织)时奥氏体的形成两种机理均有可能发生,取决于加热速度,有序转变主要在非常快或非常慢的加热速度时产生,中速时出现无序机理。图 11.3 给出了原始有序组织在加热和冷却时,钢的重结晶情况,当足够快(100℃/s 以上)地加热淬火钢时,将按有序机制形成奥氏体,结果得到粗晶粒。足够慢(1～2℃/min)地加热时,奥氏体也按有序机制形成,结果也表现出组织遗传性。α→γ 有序过渡时,奥氏体得到相强化。当加热温度高于在结晶温度 T_p 时,奥氏体晶粒形态才会有变化。在中等的加热速度(100～150℃/min)下,马氏体完全分解发生在 α→γ 过渡以前,将实现正常的无序机制的重结晶,不会出现组织遗传现象。

以下着重讨论马氏体在高温(>A_{c1})下向奥氏体转变的情况。马氏体在 A_{c1} 以上加热时会形成针状和球状两种形态的奥氏体,如图 11.4 所示。针状奥氏体是在原始马氏体板条之间形核,当马氏体板条间有碳化物存在时,$α'$-Fe_3C 的交界处更是形核的优先位置。而球状奥氏体则是在马氏体板条束之间及原奥氏体晶界上形核。这一结论对于低、中碳合金钢具有一定的普遍性。

加热温度和加热速度对奥氏体的形态有很大影响。当在 A_{c3} 附近及 A_{c3} 以上加热时,几乎没有针状奥氏体的形成,当加热速度较快(如高于 100℃/s)或很慢(如低于 50℃/min)时

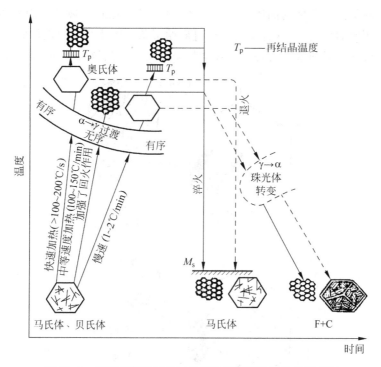

图 11.3　原始有序组织在加热和冷却时钢的重结晶示意图

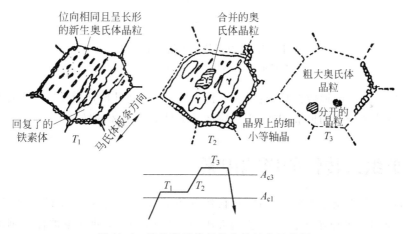

图 11.4　针状奥氏体晶粒合并长大示意图

易形成针状奥氏体,而中间加热速度(如 20℃/s)却不易导致针状奥氏体的形成。

当将马氏体类组织加热到 A_{c1} 以上温度时,主要形成球状奥氏体,针状奥氏体只是在奥氏体化初始阶段的一种过渡性组织形态,在随后的继续保温或升温过程中,针状奥氏体会通过再结晶变成球状奥氏体,或合并长大变成大晶粒的奥氏体,如图 11.4 所示,这种大晶粒往往会与原奥氏体晶粒重合,产生组织遗传现象。

通常认为,一个奥氏体晶粒被分割成若干个具有同一惯习面的板条束(packet),每个 packet 被进一步分成同一取向的板条束(block),每个 block 由若干个板条(lath)组成,如图 11.5 所示。马氏体板条之间新生成的针状奥氏体会合并长大,这是因为针状奥氏体与原始板条马氏体间保持着严格的晶体学位向关系,也就是说在同一板条束内新生成的针状奥氏体具有完全相同的位向,而这种位向又通过原始板条马氏体与原奥氏体联系着,其扩展的区域还受原奥氏体晶界的限制,由此,往往会带来原奥氏体晶粒大小的恢复,发生组织遗传。

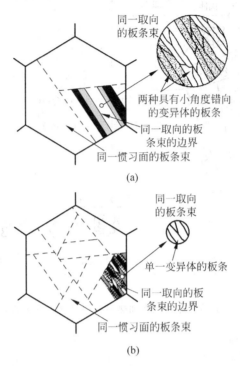

图 11.5　马氏体板条结构示意图

(a) 低碳钢(0～0.4％C)；(b) 高碳钢(0.6％C)

关于针状奥氏体的形成机理,有两种看法,一种认为是马氏体转变,一种认为是扩散控制的相变。球状奥氏体的形成规律,则与一般珠光体向奥氏体的转变类似。

11.4　组织遗传性的影响因素

原始组织为非平衡组织的马氏体、贝氏体等粗晶有序组织,在一定的加热条件下,形成的奥氏体晶粒继承了原始奥氏体晶粒的大小、形状和取向,这种现象被称为钢的组织遗传性。钢材在热处理过程中,由于轧制、锻造、铸造和焊接常常形成这类原始有序的粗晶组织(马氏体或贝氏体),因此,研究钢的组织遗传性具有特别重要的意义。20 世纪 30 年代,苏联著名冶金学家萨多夫斯基首次提出组织遗传的概念,在 Ni 和 Cr 等奥氏体稳定化元素较高的合金钢中容易发生该种现象。随后,材料学者进行了大量的相关研究,致力于钢中组织遗传的机理及影响因素的研究。

在热处理过程中,钢的组织遗传性的影响因素主要有加热温度、加热速率和合金元素。

（1）加热温度：原始粗晶有序组织加热到高于 A_{c3} 低于奥氏体再结晶温度范围内时,可能会发生原始粗晶粒的恢复,发生组织遗传。在此不再赘述。

（2）加热速度：一般情况下,非平衡组织快速或慢速加热会导致组织遗传。在快速加热条件下,钢存在一个临界加热速度,高于此速度,将出现组织遗传。快速加热时奥氏体可能是以扩散型结晶有序的切变机理形成的。慢速加热时钢中的碳和合金元素按一定方向进行充分扩散,在原马氏体板条间和束界上富集,并与位错发生相互作用,巩固了原马氏体板条的位置,使奥氏体相不发生再结晶,当加热超过相变温度后,板条间形成针(条)状马氏体。速度过快和过慢时发生的粗大组织的恢复均是由于针状奥氏体的形核、长大和具有相同位向的针状奥氏体合并长大导致的。这时因为针状奥氏体与原奥氏体存在着 K-S 位向关系。针状奥氏体的形核、长大和合并比结晶出新的位向不同的球状奥氏体在所需的能量上更为有利。

(3) 合金元素:钢的合金化程度会影响临界加热速度。强碳化物元素 Cr、Mo、W、V 和 Ti,加热时沿马氏体晶界析出,只要加热温度不高于碳化物溶解于奥氏体的温度,均能起到阻碍奥氏体再结晶的过程,导致出现组织遗传性。在高合金钢中,组织遗传性可以在较宽的加热速度范围内出现,即不仅在快速和缓慢加热条件下,在中间适当加热速度下都可能出现这一现象。表 11.2 中总结了合金元素与加热速度对组织遗传性的影响情况。

表 11.2 合金元素和加热速度对组织遗传性的影响

不同钢种	快速加热	中速加热	缓慢加热
碳钢低合金钢	×	×	×
合金钢	√	×	√
高合金钢	√	√	√

注:"√"表示发生组织遗传,"×"表示不发生。

11.5　晶粒细化的热处理工艺

钢在固态范围内,随着加热温度和冷却速度的变化,其内部组织结构将发生相应的变化,因此,利用不同的加热速度、加热温度、保温时间和冷却方式,来控制或改变钢的组织结构,便可得到不同性能的钢。

11.5.1　低合金钢和碳钢

碳钢和低合金钢在不同加热速率下一般不出现组织遗传现象。重复加热和淬火冷却热处理,多次 γ→α 转变,逐步细化晶粒,形成细晶粒的、均匀的组织,如图 11.6 所示。

11.5.2　合金钢

钢的合金化程度越高,越容易在钢中出现组织遗传现象。目前,减弱钢中组织遗传的晶粒细化途径主要有:两次或多次高温正火工艺、奥氏体相变硬化再结晶法、中速加热工艺、退火成平衡组织法、临界区高温侧正火和多次高温回火等几种。几乎所有这些细化途径的本质都在于促进粒状奥氏体发展和减少针状奥氏体形成,例如:

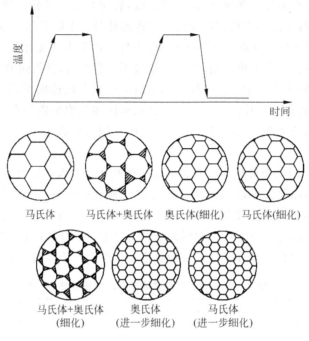

图 11.6　重复热处理晶粒细化过程示意图

（1）两次或多次高温正火：这是目前采用较多的细化工艺，通过反复进行 α↔γ 相变重结晶，利用晶粒边界效应来细化奥氏体晶粒。该工艺加热温度远远高于 A_{c3}，能源消耗大、生产周期长，目前该工艺的发展趋势是向低温化发展。

（2）临界区高温侧正火：在临界区高温侧保温，有利于粒状奥氏体形成和奥氏体组织回复再结晶，正火后又可以发生残余奥氏体分解以减少针状奥氏体的非自发核心，从而减少组织遗传，产生理想的细化效果。该工艺的关键在于控制合适的正火温度，若在临界区低温正火，形成大量的针状奥氏体，组织遗传较强烈，故应尽量提高正火温度增大热激活，以促进粒状奥氏体形成，但上限温度为 A_{c3} 点，因为一旦超过 A_{c3} 温度，粒状奥氏体不易形成，而针状奥氏体占优势，细化效果又显著变差。

（3）多次高温回火：高温回火处理过程中可发生奥氏体组织的回复再结晶，打乱了原来奥氏体组织有序的空间取向，并且可减少残余奥氏体量，有利于消除组织遗传。回火后冷却过程中产生相当大的热应力，又可作为下次回火时回复再结晶的驱动力经过多次适当温度高温回火处理后，组织发生显著的回复再结晶，残余奥氏体量大大减少，削弱了组织遗传。

35CrNi3MoV 钢是一种优质合金结构钢，因其具有良好的综合力学性能，常用于制造高强韧性的大锻件。35CrNi3MoV 钢大锻件锻后组织多为粗晶组织，组织遗传性极强，直接进行最终热处理时将因组织遗传而保留原始的粗晶状态，不仅造成锻件力学性能下降，而且使锻件超声波探伤时的波形出现草状波，干扰缺陷信号，造成判断困难。有研究者采用两次高温正火（图 11.7）和临界区高温侧正火（图 11.8）工艺以及最终热处理工艺都有明显消除组织遗传、细化晶粒的作用。

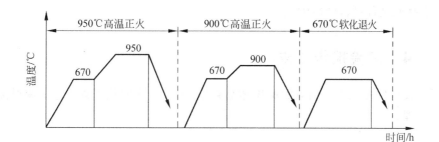

图 11.7　两次高温正火工艺

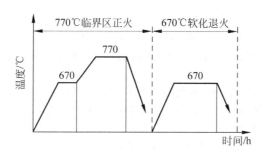

图 11.8　临界区高温侧正火工艺

11.6　实验部分

11.6.1　实验目的

(1) 进一步了解热处理工艺对改善材料性能所起的作用。

(2) 掌握热处理细化晶粒的原理及工艺。

(3) 掌握晶界显示的方法。

(4) 了解钢加热时的组织转变及组织遗传性的影响因素。

11.6.2　实验设备及用品

所需设备及用品包括：热处理炉、冷却用水槽、金相预磨机及抛光设备、金相显微镜及图像采集系统、硬度计、夹钳、耐火手套、安全面罩等。

11.6.3　实验内容

(1) 任选一种类型的钢(碳钢或合金钢)，设计系列的加热温度、保温时间及冷却速度，经热处理后观察晶粒大小。

(2) 选择合适的腐蚀剂，显示出清晰的奥氏体晶界。

(3) 用金相图像分析仪分析晶粒度。

（4）选择硬度计进行硬度测试。

11.6.4　实验报告要求

分析比较热处理工艺及相应的奥氏体晶粒度，选取最优的热处理工艺；探讨热处理细化晶粒的机理。

参考文献

[1] 赵国英,牛建平.高强度低合金钢晶粒细化理论及技术[J].材料导报,2007,21：259-262.

[2] 胡光立,李崇谟,吴锁春.钢的热处理[M].北京：国防工业出版社,1985.

[3] 朱景川,尹钟大,罗鸿,等.18Ni(200)马氏体时效钢的循环相变晶粒细化新工艺[J].钢铁,2001,36(6)：52-56.

[4] 刘天佑.氧化法检验钢的奥氏体晶粒度的研究[J].理化检验：物理分册,2000,36(11)：501-504.

[5] 兰英斌,窦连福,刘建华.钢的原奥氏体晶界的显示[J].物理测试,1994(6)：40-41.

[6] 萨多夫斯基.钢的组织遗传性[M].玉罗以,胡立生,译.北京：机械工业出版社,1980.

[7] 王笑天.金属材料学[M].北京：机械工业出版社,1987.

[8] S. MORITO，H. TANAKA，R. KONISHI, et al. The morphology and crystallography of lath martensite in Fe-C alloys[J]. Acta Materialia, 2003, 51：1789-1799.

[9] 周子年.钢的加热转变及组织遗传性[J].上海金属,1993,15(2)：57-62.

[10] 牟军,张丰,康大韬.大锻件组织遗传的细化工艺的比较研究[J].材料导报,1995,5：25-30.

[11] 钟斌.35CrNi3MoV钢组织遗传消除工艺研究[J].大型铸锻件,2007,5：3-6.

第 12 章

无铅钎料的研制

12.1 锡钎焊的发展史

锡钎焊历史悠久,可以追溯到人类开始使用金属的青铜器时代。在公元前 4000 年,美索布达尼亚人就开始用 Pb 或 Sn 来连接铜。罗马时代的很多作品中也发现了使用的共晶成分的焊锡(Sn-38%Pb(质量分数)),历史学家 Plimus 在书中记载了当时的工业制造技术,其中就包括铅制水管是用铅-锡系焊锡钎焊的,实物现保存在大英博物馆。我国在春秋中晚期也采用 Sn 或 Sn-Pb 合金作为钎料,安徽舒城九里墩春秋墓出土的鼓座上面的龙身是由若干段钎焊连接起来,焊接处还残留有大块焊锡;曾侯乙墓出土的铜尊采用了 Sn-47%Pb(质量分数)的钎料,钟葡铜套采用了 Sn-61%Pb(质量分数)的钎料。英国焊接杂志中曾介绍过一幅古底比斯壁画,画中描述了银器进行钎焊的情景。选择 Sn 或 Sn-Pb 合金作为钎料,主要是因为这些金属或合金的熔点低,用普通的木材或煤炭作为热源就能实现金属的连接。

19 世纪工业革命的到来,促进了材料连接技术的迅速发展。钎焊主要是用于制造食品储器的密封、轻型金属结构、上下水管的组装等。19 世纪及 20 世纪之交,随着无线通信技术的诞生,钎焊成了确保无线电装备元器件间导电的理想技术。在早期的使用中,钎焊接头主要用于确保电信号的流畅和与面板之间的牢固连接。随着芯片技术的出现,电子工业空前繁荣,软钎焊已进入微电子封装和高水准组装系统等领域。

Sn-Pb 合金具有熔点低、易加工、与 Cu 良好润湿等优点,因此广泛应用于电子行业中金属表面之间的连接。由于 Sn-Pb 合金中的 Pb 不是冶金活性元素,与连接金属或者表面镀层金属不发生任何反应,因此不会产生含 Pb 的金属间化合物。通常情况下,Pb 对 Sn 而言是一个有效的“中性的稀释剂”,它降低了含 Sn 合金的熔点,改善了 Sn 作为钎焊接头材料的力学性能(如降低硬度,增加塑性等),却没有显著地影响钎料的化学特性(如 Sn 与镀层金属 Cu,Ni 之间的相互反应),因此 Pb 在 Sn-Pb 钎料中扮演了非常重要的角色。

古人发现的这种成分作为低温连接材料具有优越的性能,焊锡能够在低温简单地进行变形加工,能够在低温熔化连接,技术上也没什么难点,无论男女老少均可操作,正因如此,焊锡材料停止前进。而现在,环境问题在焊锡平静的历史长河中投下了一颗石子。

1. Pb 的危害

据说黑泊克拉特斯(Hippokrates)的书中已经有了铅矿中毒的记载,2000 年以前就已经知道了铅对人体是有害的。Pb 会对人类的健康会造成严重威胁,对神经系统、血液系统、心血管系统、骨骼系统等产生终生性伤害。Pb 对人体的危害主要是由于金属铅受酸性物质的影响,转化成了离子铅,并渗入到地下水,进入人体后逐渐沉积到骨骼和内脏所致。当 Pb 在血液中的浓度超过 50mg/dl,Pb 的有害作用就表现出来。而最近研究表明,即使低于此限,Pb 也会对儿童的智力及生理功能产生有害影响。如果血液中的 Pb 浓度超过 100mg/dl 将是致命的。

在电子工业中,对电子组装产品的废弃物的主要处理措施是填埋于固体废弃物垃圾场,于是 Pb 的废弃物便会污染土壤,渗入地下水,从而对生态环境及人类健康构成威胁。

尽管人们期待着工厂提高 Pb 的回收率,但由于高额的成本及相关研究的不健全,Sn-Pb 钎料中的 Pb 是很难回收的。据统计,美国每年随电子产品丢弃的印刷电路板就有一亿块,其含 Pb 量约 4000t;英国每年填埋的电子产品也有 600 万件;日本每年用于电子工业生产中作为钎料所用的 Pb 每年要消耗 9000t,如此大量的使用铅,对环境和人类的侵害可想而知。

2. 关于禁铅的立法

出于保护环境和保护人类自身的要求,一些国家和地区很早就着手通过立法来限制 Pb 的使用。

欧盟于 1998 年先后出台了两项草案,分别为 *Directive on Waste from Electrical and Electronic Equipment*(WEEE 指令)和 *Restriction of the Use of Certain Hazardous Substances in Electrical and Electronic Equipment*(RoHS 指令),要求从 2004 年 1 月 1 日开始,欧洲国家的电子组装产品必须使用无铅钎料合金。美国国会提出"有害铅基涂料消除法令—1991""减少铅暴露法令—1991""铅暴露法令—1992"来限制和禁止在电子产品中使用含 Pb 钎料。日本提出的口号是环境协调性,几年内排除使用 Pb,已成为日本环境战略的一部分。我国信息产业部经济运行司在拟订的"电子信息产品生产污染防治管理办法"中已规定:电子信息产品制造者应当保证,自 2003 年 7 月 1 日起实行有毒有害物质的减量化生产措施;自 2006 年 7 月 1 日起投放市场的国家重点监管目录内的电子信息产品不能含有铅、汞、镉、六价铬、聚合溴化联苯(PBB)或者聚合溴化联苯乙醚(PBDE)等。

12.2　电子行业对无铅钎料的要求

12.2.1　表面封装技术的发展

在信息时代中,电子信息技术决定着国民经济信息化的进程。电子封装与组装控制着计算机的性能,其材料和技术已成为决定电器系统性能、成本、尺寸及可靠性的关键。电子产品的发展趋势促进了组装技术的进步,一些新的工艺方法不断涌现,表面组装技术正是在这种要求下孕育而生并迅速发展的。表面组装技术（surface mount technology，SMT）就是将片式元器件（无引线的或仅有为安装时固定用的引线）直接焊到印刷电路板（PCBs）表面上的方法。图 12.1 是表面组装与通孔组装（THT）的示意图。SMT 是在无源基板上高密度组装各种片式元件的新一代电子组装技术，它彻底改变了传统的通孔插装技术，使电子产品的微型化、轻量化成为可能，被誉为电子组装技术的一次革命。

图 12.1　组装示意图

（a）表面组装；（b）通孔组装

12.2.2　SMT 的可靠性对无铅钎料的要求

电子表面组装焊点的可靠性研究之所以为人们所重视，是因为在许多情况下，电子系统可靠性的丧失不是因为电子器件功能的失效，而是由于钎焊焊点的力学失效。在服役工作过程中，焊点主要承受热循环温度载荷，但也不排除剧烈的振动、冲击等机械载荷。

钎料的物理化学性能主要包括熔化温度、黏度、润湿性、铺展性能、导电导热性、抗氧化、腐蚀性能、热膨胀系数等；钎料的力学性能主要包括弹性模量、泊松比、屈服极限、抗拉强度、疲劳性能与蠕变性能等。如果固液相温度区间过大或存在一定比例的低熔点相，焊点凝固结晶时就容易产生热裂纹；润湿性差就会引起未熔合或虚焊；导电导热性差会促进功耗；抗腐蚀性能差会使焊点在服役过程中产生局部腐蚀，这些因素均会使焊点的服役寿命降低。而且软钎料合金在常温下工作就可能发生热变形。常用的 Sn-Pb 共晶钎料，熔点为 183℃，常温就已超过了它的再结晶温度。这意味着焊点在常温下就能发生蠕变变形。可以认为，钎料在焊点中的工作条件比一般高温合金还要苛刻。另外，由于焊点尺寸小，焊后冷却快，钎缝凝固组织处于不平衡的过饱和状态，如不进行相应的处理，钎缝组织中会不断析出第二相，这种组织不稳定性将直接影响钎缝金属的力学性能。

钎焊接头承担着传输电流和机械连接的双重角色。无铅钎料要替代传统的 Sn-Pb 钎料，在满足环保要求的同时，还要达到电子产品的技术性能，因此无铅钎料的性能还应满足以下要求：

（1）无铅钎料的熔点尽可能接近 Sn-Pb 钎料，熔化温度区间也越小越好。由于 Sn-Pb 钎料在长期使用过程中已形成了一套完整的生产工艺，钎焊设备也已定型，因此使熔点尽可能接近 183℃。而且目前微电子组装中基板材料较多使用热固性塑料、环氧树脂、硅树脂等材料，这些材料在钎焊操作时会因温度过高也会导致其性能下降。

（2）无铅钎料的润湿性应基本达到或接近 Sn-Pb 钎料的润湿性。在电子元器件上往往有成百上千个钎焊接头，如果某一个焊点因润湿性差而发生虚焊，整个元器件将变成废品。因此良好的润湿性是降低钎焊工件缺陷率的重要保证。

（3）无铅钎料应具备良好的力学性能（包括塑性、抗蠕变性、抗热疲劳性等）和物理性能（包括导电性、导热性、延伸率等）。因 Sn-Pb 钎料强度低，组织不稳定，在室温环境下易与基体界面产生金属间化合物并长大而导致接头脆化。

（4）成本也是制约无铅钎料的一个重要因素，从 Sn-Pb 钎料向无铅钎料转化，必须尽量控制成本的增加。包括控制合金成分变化引起的原材料费用的提高和现行钎焊工艺变更引起的设备费用的增加。

12.3 国内外研究状况

目前无铅钎焊的关键技术已有了重大突破。通常在二元合金的基础上，添加第三或第四种元素，以降低熔化温度，改善润湿性及可靠性。已开发出多种有商业价值的无铅钎料，关键是要针对不同的应用对象，选择正确的钎料。现在欧洲及日本普遍接受使用 SnAgCu 系钎料，并用于再流焊、波峰焊及手工焊。优点是工艺性能及可靠性均好，缺点是熔化温度稍高（217℃），而且 Ag 的添加增加了成本。目前，钎料合金的选择仍处于摸索阶段，主要取决于产品或应用对象，主要影响因素是焊接温度和价格。在焊接温度是必须考虑的关键问题时，日本就采用 SnZnBi 合金钎料用于家电产品制造，熔化温度 191～195℃，而且成本低；对表面组装的消费电子产品，采用 SnAgBi 合金钎料，熔化温度也低。日本对含 Bi 钎料是普遍接受的，但在美国则不同，他们认为 Bi 毒化土壤，不愿采用含 Bi 钎料。Sn0.7Cu 被广泛接受用于波峰焊，特别当制造成本是考虑的重要因素时。Matsushita 采用这种钎料生产数百万录像机的印刷电路板。日本公司在波峰焊时还更愿意用含 Ag 的钎料，认为制造成本增加其微，但生产工艺性能明显改善。从锡铅向无铅技术的转变，美国是从电讯制造业开始的，但在日本却是从白色家电开始的，可能与日本的消费电子循环法的实施目标有关。

表 12.1 是 2003 年欧洲及日本对无铅钎料合金选择的调查。调查反映了两个地区在合金选择上的差异，比如，日本可选择 SnZnBi 合金作为再流焊钎料，但欧盟尚无此考虑；虽然波峰焊都喜欢用 SnAgCu 钎料，但 SnCu 钎料也占有一定比例，而且 SnZnBi 合金不适合波峰焊；手工焊钎料主要是 SnAgCu 合金，欧盟也用 SnAg 钎料，但日本更喜欢用 SnCu 钎料。

表 12.1　无铅钎料合金的选择　　　　　　　　　　　　　　　%

合金	SnAgCu	SnAg	SnCu	SnBi	SnAgCuBi	SnAgBi	SnZnBi	其他	不详
再流焊									
欧盟	64	8	—	4				4	20
日本	58	9	1		5	3	9	15	—
波峰焊									
欧盟	42	8	17	4	—	—		4	25
日本	64		20	—	2	1		8	—
手工焊									
欧盟	46	17	4	4					29
日本	77	6	12	—		1		4	—

资料来源：K. Nimmo, European and International Roadmaps for Lead-free Technology [EB]. Soldertec at Tin Technology, UK, http://www.lead-free.org, 2004.

12.4　焊锡的相图与组织

随着对铅的使用限制指令的成立,可以预测在不久的将来含铅焊锡会消失,但是 Sn-Pb 共晶焊锡无论是状态图还是组织都很简单,对理解锡钎焊的基本问题是再好不过的材料了。

现在使用的 Sn-Pb 系焊锡分为:共晶焊锡、含 Pb 较多的高温焊锡、含有大量 Bi 等合金元素的低温焊锡。

图 12.2 所示为 Sn-Pb 二元合金的平衡状态图。如果给定了温度和合金成分,根据状态图就可以推测合金的组织。图中 AEC 曲线以上的区域为液相区,AEC 曲线(液相线)和 ABEDC 曲线(固相线)所包围的区域为固液两相共存区,这些以外的区域为固相区。从共晶点 E 开始,增加 Pb 的含量会导致液相线温度上升。并且,在质量分数为 80.8% 以上的范围增加 Pb 含量,固相线也急剧上升,接近 Pb 的熔点(327℃)。因为有这样的成分温度特性,与共晶焊锡相比,高温焊锡使用 Pb 含量比较大的合金。

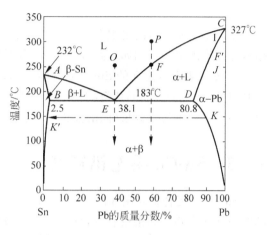

图 12.2　Sn-Pb 二元合金的平衡相图

在共晶成分 O 点,液体缓慢地冷却到共晶点 E 点 183℃。这时,在液体中同时生成点 B 点和 D 点两种成分的固体,凝固在一瞬间终了。虽然焊锡的平均成分为 61.9%Sn-38.1%Pb(质量分数),但在微观上,形成了 Sn 中固溶 2.5%Pb 的相(B 点)和 Pb 中固溶 19.2%Sn 的相(D 点)相互穿插的微细片层,如图 12.3 所示。共晶合金中这种有特征的组织一般称为层状组织。位于 P 点的合金,首先温度为 300℃ 的液体缓慢地冷却,到达液相线上的 F 点(约 270℃)。出现的 α(Pb) 相称为初晶。随着温度的继续下降,液相减少,固相 α(Pb) 相不断增多并逐渐生长,不久到达固相线上,在此处剩余液体一下子凝固,这部分液相成为细密的共晶组织。因此,最初出现的 α 相中 Pb 的含量比较高,颗粒也比较粗,而最后凝固的层状组织中的 α 相为含 60%Pb(质量分数)的合金。如图 12.4 所示。

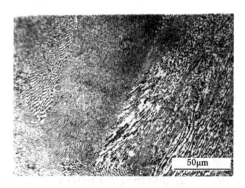

图 12.3　Sn-37%Pb 共晶组织

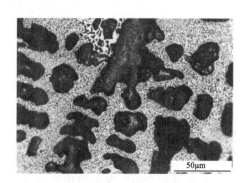

图 12.4　Sn-60%Pb 过共晶组织

冷却速度不同,焊锡组织会发生很大变化。例如,共晶组织在冷却速度比较慢的情况下会变粗。组织变粗对机械性能有影响,应该引起注意。另外,对于已经形成的焊锡组织,因为即使在室温下元素的扩散也很快,组织也会慢慢地发生变化,也就是说有变粗的倾向。一般来说金属在绝对温度表示的熔点一半的温度附近,元素扩散显著加快(虽然从金属学的观点看表述不太精确)。对于 Sn 基合金,因为 Sn 的熔点为 505K(232℃),所以 300K(27℃)的室温也成了超过熔点一半的高温区域,由于原子的扩散非常快,组织慢慢发生变化也是没有办法的。并且实际使用时由于电子设备的发热,温度还会升高。这是锡钎焊部分缓慢劣化的原因。

添加第三元素时的组织会变得更加复杂,但是仍然可以基本上按照上面叙述的方法,根据状态图推测组织。例如,为了改善 Sn-Pb 系焊锡的机械性能,常添加质量分数为 1.5%～2% 的 Ag 或者百分之几的 Sb(锑)。这些是高可靠性封装中经常采用的焊锡。添加 Ag,会使其与 Sn 形成的金属间化合物 Ag_3Sn 在组织中产生弥散分布的效果,而 Sb 是其在 Sn-Pb 组织中固溶产生强化效果(固溶强化)。只要有相应的三元系相图,就可以进行推测。

12.5 Sn-Cu 系无铅钎料

Sn-Cu 二元合金相图如图 12.5 所示。可以看出,在靠近 Cu 的一侧可形成许多较复杂的金属间化合物。如果仅看 Sn 侧(Sn 质量分数超过 60%),可知与共晶合金相近,即可以看作 $Sn-Cu_6Sn_5$ 的二元合金,其共晶成分 Cu 的质量分数为 0.7%,其余为 Sn,熔点为 227℃,通常选择 Sn-0.7%Cu 作为新型无铅钎料基体的合金。同时,Sn-Cu 系无铅钎料的主要原料 Sn、Cu 的储量丰富,价格低廉,无毒副作用,具有易生产、易回收、杂质敏感度低、综合性能好等优点,在钎焊温度对元器件影响较低的波峰焊中已经得到广泛的应用,并在远程通信的电子封装上也得到了一定的应用。Sn-Cu 钎料是目前所研究的无铅钎料中成本相对最低的钎料之一。

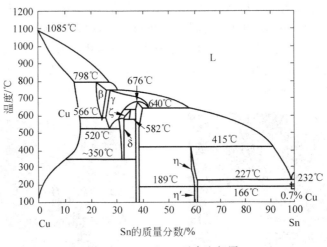

图 12.5 Sn-Cu 二元合金相图

日本是首先全面实现无铅化的国家,而且日本电子工业发展联合会(JEIDA)推荐在波峰焊中使用添加微量元素(如 Ag、Au、Ni、Ge、In 等)的 Sn-0.7%Cu 钎料。欧洲的 BRITE-

EURAM 协会也将 Sn-0.7%Cu 钎料列入具有应用潜力的合金中,其中 Nortel Networks 公司是欧洲使用 Sn-Cu 系无铅钎料的先行者,他们在 1998 年使用 Sn-0.7%Cu 钎料制造了 500 个无铅电话。美国国家电子制造促进会(NEMI)向北美工业界推荐无铅钎料时也是建议无铅波峰焊使用 Sn-0.7%Cu 钎料。

12.5.1 Sn-Cu 系无铅钎料的特性

(1)物理性能:在主要的几种无铅钎料中,Sn-Cu 系的熔化温度是最高的(约 227℃),这说明在使用其合金时会遇到较大的困难。Sn-Cu 系的表面张力、电阻率和密度都可以和 Sn-Ag 系相比拟,这主要是在两种合金中 Sn 的含量都很高的原因。

(2)力学性能:Sn-Cu 系钎料与 Sn-Pb 相比,抗拉强度稍低,但伸长率较好,延展性较好。另一方面,Sn-Cu 系钎料的抗剪强度与 Sn-Pb 钎料相当。在 20℃ 和 100℃ 时,Sn-Cu 系钎料的蠕变寿命比 Sn-Pb 钎料的要高。

(3)润湿性能:Vincent 等人考虑了共熔 Sn-Cu 的润湿性能,认为具有一定的应用潜力,可以替代 Sn-Pb 应用在波峰焊和回流焊中。研究表明,在使用不激活流体的情况下,润湿能力按下列顺序递减:Sn-Pb > Sn-Ag-Cu > Sn-Ag > Sn-Cu。当使用激活流体时,润湿能力的差别将消失,根据润湿平衡测试条件,Sn-Cu 的润湿时间将短于 Sn-Pb 所对应的时间。然而,在再流焊中,润湿性能将下降,焊片表面将呈现粗糙和织构,流体沉积呈深棕色,所以目前 Sn-Cu 系钎料多使用于波峰焊中。

12.5.2 Sn-Cu 系无铅钎料存在的问题

Sn-0.7%Cu 的热熔焊共晶组织如图 12.6 所示。它是由 β-Sn 初晶和包围着初晶的 Cu_6Sn_5 微粒/Sn 共晶组织组成,而其中的 Cu_6Sn_5 不是很稳定。该微细共晶组织在 100℃ 保持数十小时就会消失,转变成分散着 Cu_6Sn_5 颗粒的粗大组织。因此,Sn-Cu 系钎料的高温保持性能和热疲劳性能要比 Sn-Ag 系差。Sn-Cu 系钎料在应用中还存在其他一系列问题:由于 Sn-Cu 钎料流动性不够,熔融钎料不能充分流出焊点间隙从而产生焊点桥连,导致短路;在波峰焊时连接部分的印刷电路及元器件引脚表面的 Cu 扩散至钎料槽中,一方面,由于 Cu 的大量消耗使得焊点的力学性能降低,另一方面,Cu 大量进入钎料槽中,在槽中形成 Cu_6Sn_5 化合物,此化合物密度高于钎料的

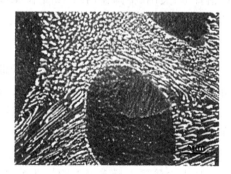

图 12.6 Sn-0.7%Cu 的热熔焊组织

密度,沉入槽底增加了钎料的更换频率,从而提高了生产成本。

12.5.3 添加不同元素对 Sn-Cu 系无铅钎料性能的影响

为解决以上的问题,很多研究者提出了许多可行的改善方案,譬如尝试添加微量的 Bi、

Ag、Ni、RE 等元素。

1. Bi 元素的影响

Bi 的加入可使钎料熔点下降,润湿铺展能力提高;不利之处是钎料电阻率增大并使钎料变脆,冷却时易产生微裂纹,因而不适合气密性封装。另外,其润湿性受杂质影响很大(特别是 P 的影响),并且随着 Bi 的加入量增多,钎料的加工性能大幅下降,焊点可靠性能变坏。所以必须控制 Bi 的加入量在适当范围内。

2. Ag 元素的影响

Ag 在钎料中易与锡形成 Ag_6Sn_5 和 Ag_3Sn 两种金属间化合物。添加适量的 Ag 能改进钎料的润湿性及热疲劳性。研究表明:在 Sn-Cu 基体中添加 Ag 颗粒形成颗粒增强复合钎料,可以大大提高 Sn-Cu 钎料钎焊接头的蠕变寿命。在 $50^\circ C$、$16\sim17MPa$ 下,复合钎料钎焊接头蠕变寿命可以提高 13 倍以上。当添加质量分数为 0.1% 的 Ag 时,塑性提高 50%。

3. Ni 元素的影响

Ni 可与 Sn 形成 Ni_3Sn、Ni_3Sn_2、Ni_3Sn_4 三种金属间化合物。Ni 可以改善 Sn-Cu 钎料的铺展性能,对 Sn-Cu 钎料无不良影响;而且 Ni 的加入可使得 Sn-Cu 钎料具有与 Sn-Pb 钎料相同甚至更优异的润湿性;Ni 还可抑制 Sn 枝晶的生长,使钎料凝固时 Cu_6Sn_5 微粒/Sn 共晶组织分布更加细化均匀。另外,添加 Ni 具有减少焊锡渣量的效果,该钎料已经逐渐稳定地用作波峰焊生产使用的钎料。

日本 Nihon Superior 公司研制开发了应用于波峰焊的无铅钎料 Sn-0.7%Cu-Ni(SN100C)。添加微量的 Ni 可以使熔融钎料表面的针状化合物 Cu_6Sn_5 变成球状,使钎料流动性得到了明显的改善,抑制了波峰焊点"桥连"等不良现象的发生,从而可获得良好的钎焊效果,同时 Ni 的加入也可抑制 Cu 向钎料中的溶解。由于 Sn-0.7%Cu-Ni 不含银等贵金属,而且淤渣的发生量少,因此大大降低了成本。目前 Nihon Superior 公司已向 33 个国家申请,并已在包括日本、美国、中国在内的 12 个国家取得了 SN100C 的专利,各国使用 SN100C 的生产线已高达数百条,并仍然保持高速增长。

4. 稀土元素的影响

稀土元素是表面活性元素,可以降低金属液体的表面张力,从而降低形成临界尺寸晶核所需的功,增加结晶核心。稀土元素自身的熔点很高,极易氧化,一般在金属液体凝固前就已形成氧化物或和其他杂质元素化合的颗粒,这种颗粒可以作为非自发结晶核心,它们的存在可以阻止晶粒长大。此外,由于稀土元素的原子半径大,溶解在晶内造成的畸变能远大于溶解在晶界的畸变能,因而大部分稀土元素聚集在晶界和相界处,起着强化晶界和相界的作用。加入少量稀土元素可以明显改善钎料的力学性能,并且对钎料的润湿铺展性能无不良影响。当加入适量稀土元素时,抗拉强度可以显著提高,虽然伸长率略有下降,但蠕变抗力成倍提高。研究发现,在钎料中适当添加微量的稀土元素铈可有效地抑制针/片状共晶组织的生成,细化晶粒组织。稀土与 Sn 易在基体的晶界处形成化合物,这些高熔点的稳定化合物在钎料冷却过程中会成为微小的非均质晶核,从而起到细化晶粒的作用。在 Sn-Cu 中添加微量镧铈合金后,钎料的显微组织得到细化,其拉伸性能、抗蠕变性能以及显微硬度也得到了较大程度的改善。

12.5.4　Sn-Cu 系无铅钎料的发展方向

1. 寻找、添加新的元素改性

稀土金属加入到有色金属及其合金中时,利用其较高的化学活性和较大的原子半径,可起到细化晶粒、改善金相组织的作用,进而达到改善合金力学性能、物理性能和加工性能的目的,所以可以考虑在 Sn-Cu-Ni 的基础上再添加微量稀土元素或其他元素,研究开发可能具有更好性能的新型 Sn-Cu-Ni-X-(Y)钎料合金。

2. 研发新的钎焊工艺

无铅化焊接要达到与有铅化焊接相同的焊接质量,首先要求焊接工艺的精确控制,其次需要研发新型的助焊剂来弥补无铅钎料润湿性不足的缺陷,当然是否使用惰性气体保护也是一个需要考虑的问题。所以需要研究不同工艺参数(包括钎焊时间、钎焊气氛、助焊剂、无铅表面处理等)对焊接质量的影响,寻求最佳钎焊工艺,力求以最小的工艺变化获得最佳的效果,以扩大 Sn-Cu 系无铅钎料的应用。

3. 研制或改进钎焊设备

在实现无铅化的过程中,相应的焊接设备也面临着更多的机会和挑战。无铅和有铅设备相差不大,但是,由于无铅钎料的熔点更高,使得设备的操作温度要高于传统的锡铅钎料,无铅焊接工艺参数变化区间更窄,因而无铅焊接设备必须能够承受更高的温度,提供更加精确、稳定的温度控制,以保护元器件和线路板不被损坏,并减少能量的消耗。

12.6　Sn-Ag 系及 Sn-Ag-Cu 系无铅钎料

欧洲和日本普遍使用 Sn-Ag-Cu 系钎料,并用于再流焊、波峰焊及手工焊。优点是工艺性能及可靠性均好,缺点是熔化温度(217℃)稍高,而且 Ag 的添加,增加了成本。

12.6.1　Sn-Ag 二元合金

Sn-3.5%Ag 二元共晶焊锡作为高熔点焊锡来应用,其共晶温度如图 12.7 所示为221℃。Ag 的质量分数超过 50%的成分范围比较复杂。在 75%Ag 含量附近有一个纵长的区域,在此成分和温度区域内,Ag_3Sn 能够稳定地存在。Ag_3Sn 区域的左侧(低 Ag 成分侧)与二元共晶状态图相似。在 Sn 和 Pb 二元合金的情况下,Sn 和 Pb 结晶彼此都能在某种程度上固溶对方的元素,然而 Sn 中几乎不能固溶 Ag。也就是说,所形成的合金组织是由不含银的纯 β-Sn 和微细的 Ag_3Sn 相组成的二元共晶组织。

Sn-3.5%Ag 合金在通常的热熔焊相同的冷速下(较平衡态冷速快)形成的组织为:β-Sn 初晶和共晶组织。β-Sn 初晶晶粒最先形成,尺寸约为 $10\mu m$,在 β-Sn 初晶周围形成 β-Sn 和 Ag_3Sn 组成的共晶区域,Ag_3Sn 呈微细颗粒状。严格来说,β-Sn 初晶晶粒应该是树枝状组织而不是颗粒,同样 Ag_3Sn 也不是"微细颗粒"而应为纤维状,因为图 12.8 为截面组织。

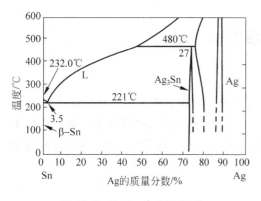

图 12.7　Sn-Ag 合金状态图

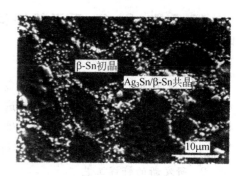

图 12.8　Sn-Ag 共晶合金组织

Sn-Ag 合金中的 Ag$_3$Sn 因为晶粒细小,所以对改善机械性能有很大的贡献。图 12.9 为 Ag 添加量对 Sn-Ag 合金拉伸性能的影响变化。随着 Ag 含量的增加,0.2%屈服强度和拉伸强度也相应增加,虽应变量有所降低,但也不算差。从强度方面说,添加 1%～2%以上的 Ag 的 Sn-Ag 合金的强度与 Sn-38%Pb 共晶合金焊锡的强度相同或超过它,添加 3%以上的 Ag,强度值显著比 Sn-Pb 共晶合金焊锡要高,但超过 3.5%以后(过共晶成分),拉伸强度相对降低。这是因为除了微细的 Ag$_3$Sn 结晶以外,还形成最大可达数十微米的板状 Ag$_3$Sn 初晶,这种粗大的金属间化合物不仅使强度降低,而且对疲劳和冲击性能也有不良影响,因此在设计合金时应注意。合金成分要在共晶点附近,不能向金属间化合物方向偏离。总之不管怎样,因为

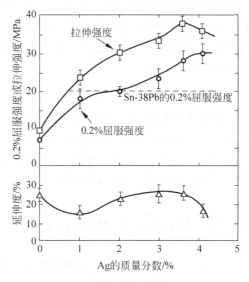

图 12.9　Ag 添加量对 Sn-Ag 合金
拉伸性能的影响

Ag$_3$Sn 是稳定的化合物,而且 Ag 几乎不能固溶于 Sn,加上高温形成的 Ag$_3$Sn 即使放置在高温也不容易粗大化,因此该合金的耐热性比其他合金好。

12.6.2　Sn-Ag-Cu 三元合金

在 Sn-Ag 合金里添加 Cu,能够在维持 Sn-Ag 合金良好性能的同时稍微降低熔点,而且添加 Cu 以后,能够减少所焊材料中铜的溶蚀,因此逐渐成为国际上标准的无铅钎料。

目前研制的 SnAgCu 系钎料合金出现了很多,代表性的钎料如表 12.2 所示。实际上 SnAgCu 共晶成分还没有准确的测出来。美国和日本报告了通过精密的热力学测定和热力学模拟计算得到的结果,认为共晶成分在 Sn-3.5%Ag-0.7(±0.2)%Cu 附近,金相测试的共晶位置大约在 Sn-3.5(±0.2)%Ag-0.9(±0.2)%Cu。

表 12.2　代表性的 SnAgCu 合金钎料

合金成分（质量分数）%	熔化温度/℃	研 制 单 位
Sn-2.0Ag-0.75Cu	—	NEC
Sn-3.2Ag-0.5Cu	217~218	—
Sn-3.8Ag-0.76Cu	—	IDEALS
Sn-3.9Ag-0.6Cu	—	NEMI
Sn-4.0Ag-0.5Cu	217~219	—
Sn-3.5Ag-0.7Cu	216	Ireland Univ.
Sn-3.5Ag-0.9Cu	217.2	Northwestern Univ.
Sn-3.0Ag-0.5Cu	—	Harris BrazingCo.
Sn-3.8Ag-0.7Cu	217~219	Multicore，Motorola，Nokia，Ericsson
Sn-4.0Ag-1.0Cu	217~219	AMES Labs，USA
Sn-4.7Ag-1.7Cu	217	AMES Labs，USA

为什么近代科学发展至今还不能准确地确定看起来非常单纯的共晶成分呢？这是因为凝固的机制出乎意料地复杂，对 Sn-Ag-Cu 合金来说，是因为热力学确定的凝固实际上不能发生，即液态的焊锡冷却到应该凝固的温度（熔化温度）也不凝固，有时要比熔化温度低 20℃凝固才能发生（这称为过冷）。共晶成分的合金形成 β-Sn 初晶以后才发生共晶凝固也可以说起因于过冷现象。

12.6.3　Sn-Ag-Cu 系三元钎料的合金组织及金属间化合物

Sn-Ag-Cu 系三元钎料的合金组织与 Sn-Ag 系二元合金相比，其组织形态较为复杂，它是由枝晶、二元、三元共晶组织及较粗大的金属间化合物（IMC）组成。

Sn-3.8%Ag-0.7%Cu 钎料中的枝晶组织为 α-(Sn)初晶，如图 12.10(a)中的白色区域，EDXA 分析表明为 Sn 的固溶体，并含有少量的 Ag、Cu；初晶的产生一方面是由于 Sn-3.8%Ag-0.7%Cu 为非共晶成分，另一方面冷却过程中的非平衡凝固不仅使结晶点发生偏移，促进初晶的生成，同时非平衡凝固所造成的过冷也有利于产生枝晶。二元共晶组织包括针状或短棒状的 Ag_3Sn 与 α-(Sn)的共晶组织，以及球状或盘状的 Cu_6Sn_5 与 α-(Sn)的共晶组织；图 12.10(b)中呈针状和球状相间分布的为三元共晶组织 α-(Sn)＋Ag_3Sn＋Cu_6Sn_5。三元共晶组织 α-(Sn)＋Ag_3Sn＋Cu_6Sn_5 不是普遍存在的。这种组织的生长比较困难，这是由于它要与两个二元共晶反应相互竞争，因此在 Sn-3.8%Ag-0.7%Cu 组织中较为普遍的是α-(Sn)＋Ag_3Sn 二元共晶组织。然而，过多的这种针状共晶组织对合金的力学性能会造成不利的影响。

另外，在 Sn-3.8%Ag-0.7%Cu 组织中还会出现较为粗大的金属间化合物 Ag_3Sn 和 Cu_6Sn_5，形态多样，有针状和块状，还有六边环状的 Cu_6Sn_5（多分布于枝晶内部）。

金属间化合物一直是钎焊研究的热点，因为它直接关系到焊锡的可靠性。在 Sn-Ag-Cu 系合金中最常接触的有两类金属间化合物：Ag_3Sn 和 Cu_6Sn_5，这两类化合物既能以 Cu_6Sn_5＋β-(Sn)或 Ag_3Sn＋β-(Sn)共晶相的形式中，也可作为先共晶相而存在，若是以先共晶相存在就会导致印刷电路板在实际服役条件下的严重问题。传统的 Sn-Pb/Cu 接头中细长的

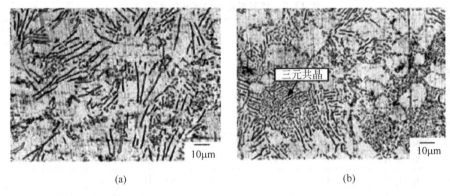

图 12.10 Sn-3.8％Ag-0.7％Cu 钎料的显微组织

（a）α-(Sn)初晶及二元共晶；（b）α-(Sn)＋Ag_3Sn＋Cu_6Sn_5 三元共晶组织

Cu_6Sn_5 对拉伸断裂性能有很大影响,粗大的 Ag_3Sn 的大量存在也会对性能造成严重威胁——虽不直接降低强度,却影响断裂模式。如果形成了 Ag_3Sn 的粗大板状初晶,就会对焊锡的可靠性产生恶劣影响。图 12.11 显示了美国推荐的 Sn-3.9％Ag-0.6％Cu 合金组织中形成的粗大 Ag_3Sn 初晶,在拉伸时成为裂纹源。

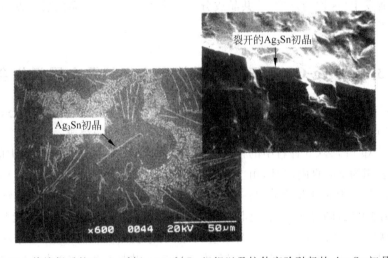

图 12.11 热熔焊后的 Sn-3.9％Ag-0.6％Cu 组织以及拉伸实验引起的 Ag_3Sn 初晶断裂

在不同冷速下,金属间化合物的形貌会有很大变化,Kim 等人发现 Cu_6Sn_5 存在空心和实心两种。Li 也在研究中发现了缓冷条件下的钎焊接头内部的确出现大量的实心或空心六棱柱状 Cu_6Sn_5(样品深腐蚀,去除基体材料 β-Sn 后得到三维形貌),如图 12.12 所示。

稀土元素会对 SnAgCu 系钎料合金产生很大的影响。图 12.13 为 Sn-3.8％Ag-0.7％Cu 钎料合金中添加不同含量的混合稀土后的显微组织变化。其组织与 Sn-3.8％Ag-0.7％Cu 类似:α-(Sn)枝晶、二元、三元共晶组织以及一些金属间化合物相。随着稀土加入量的增加,钎料组织逐渐细化。针状二元共晶组织形态逐渐消失,变成细小的等轴晶共晶组织,几乎难以分辨二元共晶与三元共晶。同时,钎料组织中的黑色相(富 RE 相)逐渐增多,并且多分布于枝晶间,与共晶组织混合在一起。随着稀土含量的增加,钎料的组织逐渐细化,针状的共晶组织由粗大的针状逐渐变成短条状,减少了对基体的危害。但过多的稀土含量,使得

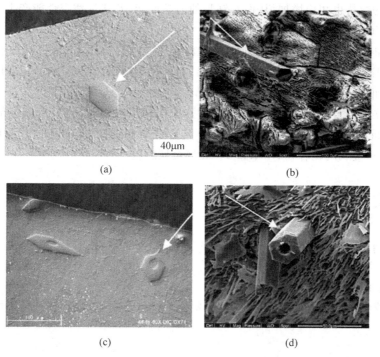

图 12.12 SnAgCu 系缓冷下的 Cu_6Sn_5 的形貌

（a）实心 Cu_6Sn_5（OM）；（b）实心 Cu_6Sn_5（SEM）；（c）空心 Cu_6Sn_5（OM）；（d）空心 Cu_6Sn_5（SEM）

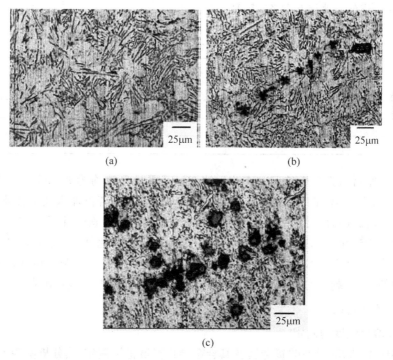

图 12.13 SnAgCuRE 钎料的显微组织

（a）0.05%RE；（b）0.1%RE；（c）1.0%RE

稀土化合物的数量也相应增加,从而对钎料的力学性能,尤其是蠕变性能产生不利影响。

Sn-Ag-Cu系钎料合金的发展方向为:

(1)添加新元素改性并增强性能:添加新元素,在保持SnAgCu钎料原有的优良物理性能及钎焊工艺性能的同时,又要显著提高钎料的抗如蠕变性能及服役可靠性,还要控制钎料成本的增加。

(2)颗粒增强无铅钎料:为满足光通信及工作环境温度较高的汽车、宇航等领域电子设备制造的特殊性能要求,可制备颗粒增强复合材料。可以采用的增强体有碳纤维、Cu_6Sn_5、Ni_3Sn_4金属间化合物、Cu、Ag或Ni等金属颗粒。

12.7　实验部分

12.7.1　实验目的

(1)了解绿色无铅钎料的发展及趋势。

(2)培养学生通过文献调研,进行新材料成分设计及制备,并对其进行组织和性能分析的能力。

12.7.2　实验内容

1. 无铅钎料合金设计及制备(表12.3)

表 12.3　合金成分设计

编号	Sn	Ag	Cu	Zn	Ni	Bi	RE	其他
1								
2								
3								
4								

实验所用原材料为分析纯Sn、纯Ag、纯Cu,其质量分数均为99.95%。将Sn、Ag、Cu按比例称取,放入Al_2O_3陶瓷坩埚内,在550~600℃下熔化,若再加入其他元素随后利用不锈钢钟罩压入熔融的合金液当中,并不断搅拌,待加入其他元素熔化后保温40min。其间,为使钎料合金均匀化,每隔一段时间用不锈钢棒进行搅拌。此外,为防止氧化,冶炼过程中采用质量比为1.3∶1的KCl+LiCl熔盐进行保护。将熔炼好的钎料浇铸成棒料,一部分用来加工成拉伸试棒,剩下的分别轧成0.1mm和0.2mm厚的薄带作为其他实验备用。

2. 物理性能测试

1)合金熔化温度的测定

参考GB/T 1425—1996"贵金属及其合金熔化温度范围测定 热分析实验方法",采用差热分析(DTA)的加热曲线进行测量。其原理是当无铅钎料合金发生固-液相转变时,必然伴随熔化潜热的吸收,而热焓变化可以反映相变温度点。DTA能在程序控制温度下,检测出试样在此过程中与参比物的温差和内能的变化情况,因此采用 DTA 对试样的整个熔化过程进行动态扫描实验,可方便、准确地测定出试样的熔化温度范围。试样采用上述轧制的 0.1~0.2mm 厚的薄片,升温范围为 30~260℃,实验过程中采用氮气保护。

2）电导率测定

采用轧制的厚度为 0.1~0.2mm 的薄带。利用公式求得电阻率 k,电导率为电阻率的倒数。

$$R = k \frac{l}{s}$$

式中,R 为电阻,Ω;k 为电阻率,$10^{-6}\Omega \cdot m$;l 为试样长度,mm;s 为横截面积,mm^2。

3）铺展性能

钎料的铺展性能反映着在一定气氛下钎料对某种基底的润湿性的好坏,在某种程度上也反映了该钎料可钎焊性的优劣。

铺展性实验参照 GB/T 11364—2008 钎料铺展性及填缝性实验方法进行。截取 40mm×40mm×0.2mm 的紫铜片,用 400♯ 砂纸将铜片打磨光滑后用稀 HCl 和丙酮清洗干净,干燥后待用。将质量为 0.2g 的钎料小球(偏差为 ±1%)用超声波清洗,干燥后置于铜板中心部位,滴加 $ZnCl_2 + NH_4Cl$ 钎剂使其覆盖钎料,采用腐蚀性钎剂可以用很少的量提供快速而有效的表面清洗,同时不产生过量的孔洞。铺展实验利用电热板进行,再流焊峰值温度设为 260℃,时间为 90s。将铺展试样及已知面积的参考物扫描入计算机,利用 AutoCAD 的查询功能计算其铺展面积,最终得出铺展面积和润湿角。每种合金取 5 个平行试样,求其平均值。

3. 力学性能测试

图 12.14(a)为拉伸实验所采用的试样。实验前,将试样在 100℃下进行 1h 的退火处理以去除残余应力。实验在 Instron 拉伸实验机上进行,实验温度为室温,应变速率为 $1.0 \times 10^{-3} s^{-1}$。

剪切强度实验采用的试样为单剪搭接接头,尺寸如图 12.14(b)所示,母材为紫铜。应变速率为 5×10^{-4}。在钎焊面上加 1~2 滴 $ZnCl_2 + NH_4Cl$ 水溶液钎剂,将 0.1mm 厚的钎料箔片加在两个紫铜板之间;为保证接头间隙,在铜板之间填加两根直径为 0.1mm 的铜丝。

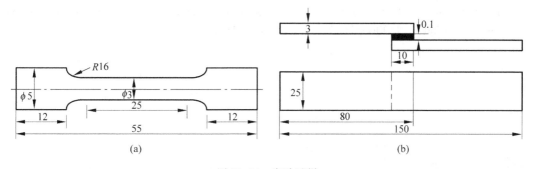

图 12.14　实验试样

(a) 拉伸实验试样;(b) 剪切实验试样

4. 合金组织观察及金属间化合物的观察

将熔融的钎料合金浇铸成棒料,切割下来后,采用环氧树脂冷镶。进行制样、腐蚀(用体积分数 4% 的 HNO₃ 酒精溶液)。再分别用光学金相显微镜和扫描电镜进行组织观察。

金属间化合物的形貌的观察试样,用体积分数 10% HCl+90%C₂H₅OH 溶液腐蚀,再用体积分数 10% HNO₃+90% C₂H₅OH 的溶液腐蚀,借助扫描电镜进行观察,并采用 X 射线衍射和电子能谱进行物相分析。

12.7.3　实验报告要求

(1) 阅读近年来文献,选择要研究的钎料系,进行成分设计并说明设计原则。

(2) 对熔炼的合金进行物理性能、力学性能、组织观察,分析合金元素对组织和性能的影响。

(3) 提出进一步的改进措施。

参考文献

[1]　J. H. VINCENT, S. G. HUMP. Lead-free solders for electronicassmbly[J]. CircuitsAssmbly, 1994, 5(7): 38-39.

[2]　菅沼克昭. 无铅焊接技术[M]. 宁晓山,译. 北京:科学出版社,2014.

[3]　K. NOGITA, J. READ, T. NISHIMURA, et al. Microstructure control in Sn-0.7mass% Cu Alloys [J]. Mater. Trans. , 2005, 46(11): 2419-2425.

[4]　闫焉服,陈拂晓,张鑫,等. 温度对 Ag 颗粒增强 SnCu 基复合钎料蠕变性能的影响[J]. 稀有金属, 2006, 30(5): 610 - 613.

[5]　薛松柏,刘琳,代永峰,等. 微量稀土元素铈对 Sn-Ag-Cu 无铅钎料物理性能和焊点抗拉强度的影响 [J]. 焊接学报,2005, 26(10): 23-26.

[6]　C. M. L. WU, D. Q. YU, C. M. T. LAW, et al. Microstructure andmechanical properties of new lead-free Sn-Cu-RE solderalloys[J]. J. Electronic Mater. , 2002, 31(9): 928-932.

[7]　陈志刚. SnAgCuRE 钎焊接头蠕变行为的研究[D]. 北京:北京工业大学,2003.

[8]　K. S. KIM, S. H. HUH and K. SUGANUMA. Effects of Alloy Compounds on Properties of Sn-Ag-Cu Lead-Free Soldered Joints[J]. J. Alloys Comp. , 2003, 352(2): 226-236B.

[9]　LI, Y. W. SHI, Y. P. LEI. Effect of Rare Earth Element Addition on the Microstructure of Sn-Ag-Cu Solder Joint[J]. J. Electronic Mater. , 2005, 34(3): 217-224.

第 13 章

纳米氧化锌的制备及形貌观察

13.1 引言

纳米氧化锌(ZnO)颗粒直径介于 $1\sim100nm$ 之间,是一种多功能性的新型无机材料。由于晶粒的细微化,其表面电子结构和晶体结构发生变化,产生了宏观物体所不具有的表面效应、体积效应、量子尺寸效应和宏观隧道效应以及高透明度、高分散性等特点,因而表现出许多特殊性质,如非迁移性、荧光性、压电性、吸收和散射紫外线能力等。纳米氧化锌比表面积大、化学活性高,产品细度、化学纯度和粒子形状可以根据需要进行调整,利用其在光、电、磁、敏感等方面的奇妙性能,在化学、物理学、光、电、磁、敏感性等方面具有一般氧化锌产品无法比拟的特殊性能和新用途,使其在陶瓷、化工、电子、光学、生物、医药等许多领域有重要的应用价值。纳米氧化锌在纺织领域可用于紫外光遮蔽材料、抗菌剂、荧光材料、光催化材料等。由于纳米氧化锌一系列的优异性和十分诱人的应用前景,因此研发纳米氧化锌已成为许多科技人员关注的焦点。

13.2 纳米氧化锌的应用

1. 在橡胶行业中的应用

氧化锌是橡胶和轮胎工业必不可少的添加剂,也用作天然橡胶、合成橡胶及胶乳的硫化活性剂和补强剂以及着色剂。纳米氧化锌用于橡胶中可以充分发挥硫化促进作用,提高橡胶的性能,其用量仅为普通氧化锌的 $30\%\sim50\%$。用添加纳米氧化锌所制造的高速耐磨橡胶制品,如飞机轮胎、高级轿车用的子午线胎等,具有防止老化、抗摩擦着火、使用寿命长、用量少等优点。将纳米氧化锌作为导电的白色颜料填充于橡胶中,可研制出导电性橡胶,用来制造静电屏蔽橡胶及制品。在高聚物表面上涂一层含纳米氧化锌颗粒的透明涂层,可防高聚物日光老化。聚氨酯跑道等地面铺装材料也有掺用纳米材料防霉的,并提高了回弹性以及耐磨、耐水、耐溶剂、阻燃等性能。纳米氧化锌作为一种光致发光材料应用于橡胶中,可以制得蓄光性橡胶制品。如开关、路道出入口和梯级等的标志及车牌、扶手等。纳米氧化锌的抗菌特性已用于生产防臭、抗菌、抗紫外线的纤维,同时也可用来提高橡胶的档次,研制出抗菌橡胶及制品,此方面的应用极具发展潜力。

2. 在涂料中的应用

在涂料应用中,纳米氧化锌的紫外屏蔽性能是其中最大的开发点之一。金属氧化物粉末对光线的遮蔽能力,在其粒径为光波长的 1/2 时最大。纳米氧化锌的有效作用时间长,对紫外屏蔽的波段长,对长波紫外线 UVA 和中波紫外线 UVB 均有屏蔽作用,能透过可见光,有很高的化学稳定性和热稳定性。纳米氧化锌可以明显地提高涂料的耐老化性能,可作为涂料的抗老化添加剂。纳米氧化锌还可用来制造汽车尤其是高级轿车专用的变色颜料,添加在金属闪光的面漆中,随着角度的变化,能使涂层产生丰富而神秘的"颜色效应",使车身表面产生较好成像效果,增辉闪光。以纳米氧化锌作为添加剂,现已研制出紫外线屏蔽玻璃用涂层和抗紫外老化的水性涂料等。

3. 在抗菌除臭抗紫外线产品行业中的应用

纳米 ZnO 是一种广谱的无机紫外线屏蔽剂,其紫外线遮蔽率高达 98%。其屏蔽紫外线的原理是吸收和散射紫外线。它属于 N 型半导体,ZnO 的禁带宽度为 $32eV$。当受到紫外线的照射时,价带上的电子可吸收紫外线而被激发到导带上,同时产生空穴-电子对,因此具有吸收紫外线的功能。另外,纳米 ZnO 的颗粒尺寸远小于紫外线的波长,纳米粒子可将作用于其上的紫外线向各个方向散射,从而减少照射方向的紫外线强度,这种散射紫外线的规律符合 Raylieigh 光散射定律。同时,它还具有抗菌抑菌、祛味防霉等一系列独特性能。加有纳米 ZnO 的陶瓷制品具有抗菌除臭和分解有机物的自洁作用,大大提高了产品质量。经过纳米氧化锌抗菌处理过的产品可制浴缸、地板砖、墙壁、卫生间及桌石。添加纳米 ZnO 的玻璃可抗紫外线、耐磨、抗菌和除臭,可用作汽车玻璃和建筑用玻璃。该玻璃的紫外线屏蔽涂层由纳米 ZnO 组成。

与有机防晒剂相比,纳米 ZnO 作为防晒剂不仅无毒、无味,对皮肤无刺激性,不分解不变质,热稳定性好,而且本身为白色,只需简单着色,价格也相对便宜,因而在防晒化妆品市场倍受青睐。同时,纳米 ZnO 作为防晒剂不但使体系拥有收敛性和抗炎性,而且具有吸收人体皮肤油脂的功效。纳米 ZnO 用于生产混合消臭剂的除臭纤维及各种布料和服饰中。用掺有纳米氧化锌制造的远红外线反射功能纤维是通过吸收人体发射出的热量,并且再向人体辐射一定波长范围的远红外线,除了可使人体皮下组织中血液流量增加,促进血液循环外,还可遮蔽红外线,减少热量损失,故此纤维较一般纤维蓄热保温。日本新兴人化公司、帝人公司、仓螺公司、钟纺公司、东洋公司等均生产防臭、抗菌及抗紫外线等纤维。例如,日本仓螺公司将氧化锌微粉掺入异形截面的聚酯纤维或长丝中,开发出抗紫外光纤维,除了具有遮蔽紫外光的功能外,还有抗菌、消毒、除臭等功能。此外,纳米氧化锌常被用于生产婴儿爽身粉等产品,是一种无毒的无机物,人体不会对其产生排异反应,因而安全性高。同时,氧化锌纳米粒子的体积小,具有不妨碍细胞活动的优点。

4. 在电化学中的应用

纳米氧化锌具有极好的抗氧化性和抗腐蚀能力以及高熔点、良好的机电耦合性及环保性。碱性可充锌基电池具有能量密度高,无环境污染以及原料来源丰富等特点,近十几年来一直是化学电源领域的研究热点之一。但由于锌电极循环寿命短而使电池很快失效,阻碍了其推广应用。此外,导电氧化锌可以用于涂料、橡胶、纤维材料和陶瓷中作为导电的白色颜料,氧化锌的导电性可赋予塑料和聚合物以抗静电性。

5. 催化剂方面的应用

在催化研究领域,人们一直在寻找新的高效催化剂。由于纳米材料对催化氧化、还原和裂解反应都具有很高的活性和选择性,对光解水制氢和一些有机合成反应也有明显的光催化活性。国际上已把纳米材料催化剂称为第四代催化剂。纳米氧化锌由于尺寸小、比表面积大,表面的键态与颗粒内部的不同,表面原子配位不全等,导致表面的活性位置增多,形成了凸凹不平的原子台阶,加大了反应接触面。纳米氧化锌的光催化功能已被广泛用于纤维、化工、环保、建材等行业。

6. 其他应用前景

氧化锌是很好的光致发光材料,可利用紫外光、可见光或红外光作为激发光源而诱导其发光。图 13.1 给出氧化锌纳米线阵列的扫描电子显微镜图片及其室温光致发光谱和吸收谱。氧化锌在室温下拥有较强的激发束缚能,可以在较低激发能量下产生有效率的放光。氧化锌是在蓝紫外光及或见光区颇有发光潜力的材料,近来更是广泛应用于平面显示器上或一些特殊功能的颜料上,在一定能量之光照下,颜料呈红色,而无光照时呈黑色。

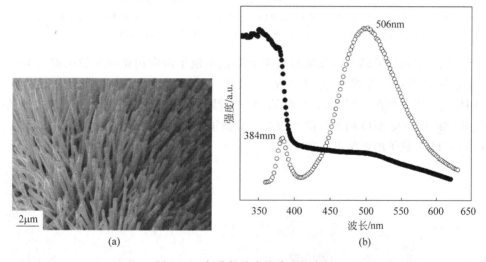

图 13.1　氧化锌纳米线阵列的表征
(a) 扫描电子显微镜图片;(b) 室温光致发光谱(空心点)和吸收谱(实心点)

日本岛根大学开发出一种在光线照射下能发出荧光的氧化锌纳米粒子,这种纳米粒子发光比较稳定,发光时间可持续 24h 以上,但生产成本不到绿色荧光蛋白的 1%,可应用于尖端医疗领域。但是产品要求也比较严格,尤其是有害的重金属元素含量。

氧化锌又具有很高的导电、导热性能和很高的化学稳定性,这些都使得纳米氧化锌材料在光电转化、光催化等领域有广阔的应用前景。世界上最小的发电机——纳米发电机就是由规则的氧化锌纳米线组成。首次在纳米尺度范围内实现了机械能转换成电能。图 13.2

给出基于规则的氧化锌纳米线的纳米发电机。其中,图 13.2(a)是在氧化铝衬底上生长的氧化锌纳米线的扫描电子显微镜图片;图 13.2(b)是氧化锌纳米线的扫描电子显微镜图片;图 13.2(c)是当原子力显微镜探针扫过纳米线阵列时,压电电荷释放的三维电压/电流信号图。采用铂硅原子力显微镜探针以接触模式扫描氧化锌纳米线表面,当氧化锌纳米线变形时可检测到电流信号。这种纳米发电机生物医学、军事、无线通信和无线传感方面都将有广泛的重要应用。

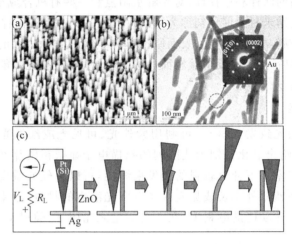

图 13.2　基于规则的氧化锌纳米线的纳米发电机

（a）在氧化铝衬底上生长的氧化锌纳米线的扫描电子显微镜图片；（b）氧化锌纳米线的扫描电子显微镜图片；

（c）当原子力显微镜探针扫过纳米线阵列时,压电电荷释放的三维电压/电流信号图

　　ZnO 纳米晶薄膜或纳米线在染料敏化太阳能电池中的应用也越来越引起研究者的关注。这是由于 ZnO 的禁带宽度（3.2eV）以及电子的运输性能与 TiO_2 相似,而且具有与 TiO_2 同样的光吸收性能。图 13.3 给出 ZnO 纳米线作为阳极的染料敏化太阳能电池结构示意图（图 13.3(a)）及 ZnO 纳米线的扫描电子显微镜图片（图 13.3(b)）。图 13.3(c)为 ZnO 线与 ZnO、TiO_2 粒子的短路电流密度（J_{sc}）。

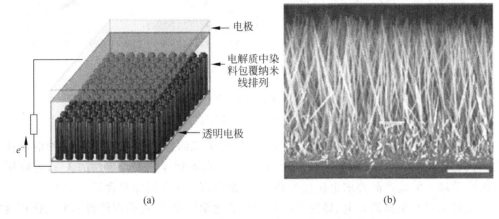

(a)　　　　　　　　　　　　　　　(b)

图 13.3　ZnO 纳米线在染料敏化太阳能电池中的应用

（a）ZnO 纳米线基的染料敏化太阳能电池的结构示意图；（b）ZnO 纳米线的扫描电子显微镜图片；（c）不同材料的 J_{sc} 比较

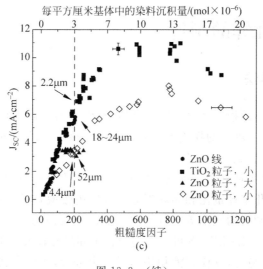

图 13.3 （续）

纳米氧化锌最为诱人的应用就是制作同质结紫外半导体激光器。对于光泵浦氧化锌紫外发射和自形成谐振腔早已经成为可能，基于氧化锌单晶的光子晶体激光器也已实现，但是最理想的还是制造电泵浦 ZnO 紫外激光器（基于同质氧化锌 PN 结）。另外纳米氧化锌的发光二极管也被不断地开发出来，图 13.4 给出单根纳米线氧化锌作为发光二极管的制备示意图。同时，基于各种形态的纳米氧化锌在不久的将来也可实现制造多种新型的功能器件，如氧化锌纳米线发光二极管、场效应管，单电子晶体管，自旋光发射二极管，自旋场效应管，还有量子计算机的自旋量子位以及各种新型气敏探测器等。

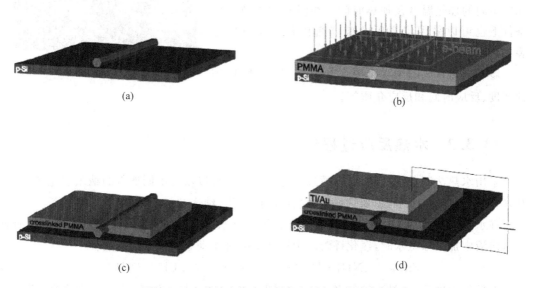

图 13.4 在单纳米线表面制备金属电极的示意图

（a）将氧化锌纳米线分散在 P-Si 基板上；（b）采用旋涂工艺将 PMMA 薄膜（厚度 120nm）涂覆在基板表面并采用电子束刻蚀技术进行处理；（c）去掉为暴露或部分暴露的 PMMA；（d）沉积 Ti/Au 电极

13.3　纳米氧化锌的制备

13.3.1　水热法

水热法又称热液法,是指在密封的压力容器中,以水为溶剂,利用高温高压的水溶液使那些在大气条件下不溶或难溶的物质溶解或反应生成该物质的溶解产物。当然,这种方法也可用于易溶的原料来合成所需产品。

水热法合成出的产物具有如下特点:粉体的晶粒发育完整,粒径小且分布均匀,团聚程度较轻,易得到合适的化学计量比和晶粒形态;可使用较便宜的原料;省去了高温煅烧和球磨,避免了杂质引入和结构缺陷等。其引起人们广泛关注的主要原因是:①采用中温液相控制,能耗相对较低,适用性广,既可制备超微粒子和尺寸较大的单晶,还可制备无机陶瓷薄膜;②原料相对廉价易得,反应在液相快速对流中进行,产率高、物相均匀、纯度高、结晶良好,形状、大小可控;③可通过调节反应温度、压力、溶液成分和 pH 等因素来达到有效地控制反应和晶体生长的目的;④反应在密闭的容器中进行,可控制反应气氛而形成合适的氧化还原反应条件,获得某些特殊的物相,尤其有利于有毒体系中的合成,从而尽可能地减少了环境污染。

水热法合成产物通常采用特殊设计的装置,即高压反应釜(图 13.5)。通常高压反应釜由不锈钢外壳和聚四氟乙烯衬套组成,具有耐酸、碱腐蚀等特点。可根据不同样品的技术指标选择不同容积的高压反应釜和确定不同的加热温度及加热时间。在温和的水热反应条件下也可以采用耐高压的玻璃瓶代替高压反应釜装置。

图 13.5　水热反应高压釜

影响水热合成的因素有温度的高低、升温速度、搅拌速度、反应时间和反应介质等。

13.3.2　水热反应过程

采用水热法制备纳米氧化锌,通过变化实验条件可以获得不同形貌的纳米氧化锌,比如纳米棒、纳米线、纳米带、纳米管、纳米立方体、纳米塔、纳米花等。

在水热反应中纳米氧化锌的生长是通过溶解→水解→成核→生长过程来完成。当向氯化锌溶液中加入浓氨水时,氯化锌溶液中存在下列处于动态平衡态反应过程:

$$ZnCl_2 + 2NH_3 \cdot H_2O \rightleftharpoons Zn(OH)_2 + 2\,Cl^- + 2NH_4^+ \tag{13.1}$$

在较低温度下,微量溶解的 $Zn(OH)_2$ 缓慢水解。在水热条件下,由于温度升高,提供了水解反应所需要的活化能,生成的 $Zn(OH)_2$ 达到过饱和,进一步强烈水解先后形成 $Zn(OH)_4^{2-}$、$Zn_2O(OH)_6^{4-}$ 和 $Zn_{x+1}O_{y+1}(OH)_{z+2}^{(z+2+2y-2x+2)-}$,溶液中存在的动态平衡态反应过程:

$$Zn(OH)_2 + H_2O \overset{\text{水热}}{\longleftrightarrow} Zn^{2+} + OH^- + H_2O \overset{\text{水热}}{\longleftrightarrow} Zn(OH)_4^{2-} \tag{13.2}$$

$$Zn(OH)_4^{2-} + Zn(OH)_4^{2-} \overset{\text{水热}}{\longleftrightarrow} Zn_2O(OH)_6^{4-} + H_2O \tag{13.3}$$

$$Zn_xO_y(OH)_z^{(z+2y-2x)-} + Zn(OH)_4^{2-} = Zn_{x+1}O_{y+1}(OH)_{z+2}^{(z+2y-2x+2)-} + H_2O \tag{13.4}$$

同时生长基元之间发生氧桥合作用和阴离子基团的质子化反应形成 ZnO 晶核,最后 ZnO 晶核进一步生长成纳米锌晶体。采用水热法合成纳米氧化锌极易合成高长径比的纳米棒、纳米线和纳米管等。这主要是因为氧化锌晶体本身具有各向异性的特点,在水热条件下,某个面生长速度更快,从而生长成纳米棒、纳米线及纳米管等。例如,在本实验条件下,溶液中氨水的存在不仅可以调节溶液的 pH 值,同时通过氨水形成的 NH_4^+ 可以吸附在晶核表面,对于晶体的生长起到导向作用,这样通过各向异性生长就可以得到氧化锌的纳米棒、纳米线和纳米管等结构。随着反应温度、反应时间和反应介质等的不同,生长的纳米锌晶体的形貌亦有所不同。

利用水热方法,采用不同的原材料和实验参数还可以合成超结构纳米锌,如纳米塔、纳米花等。如采用硝酸锌、硫脲和氯化铵和氨水为原料,在水热反应温度 75～95℃范围内,反应不同时间条件下合成纳米管(图 13.6)以及不同氯化铵浓度条件下合成的纳米塔、纳米花(图 13.7)。我们感兴趣可以试一试采用不同的原材料和实验过程看看自己所制备的产物是什么形貌。

图 13.6　不同生长时间得到的纳米管的形貌
(a) 20min;(b) 90min;(c) 5h;(d) 6h

纳米氧化锌的方法不仅仅是水热法,还包括溶胶-凝胶法、醇盐水解法、直接沉淀法、均匀沉淀法等化学方法及金属有机气相沉、化学气相沉积、电沉积和固相热蒸发过程物理方法等。现在已经合成出多种形态纳米结构的氧化锌,如梳形纳米氧化锌、纳米环、纳米线、纳米带、纳米桥、纳米弹簧、纳米钉、纳米笼和纳米花等。迄今为止,氧化锌纳米结构形态是所有纳米材料中最为丰富的,甚至超过碳纳米管。多种形态的氧化锌纳米结构为新的研究与应用提供更为广阔的前景。

图 13.7 采用水热工艺在不同浓度氯化铵溶液中得到的纳米氧化锌的形貌
(a) 浓度为 0.01mol·L^{-1}；(b) 浓度为 0.02mol·L^{-1}

13.4 实验部分

13.4.1 实验目的

（1）采用水热法制备纳米氧化锌，拓展对新材料制备方法的了解。
（2）研究反应条件（溶液浓度、pH 值、温度、时间）对纳米氧化锌形貌的影响。
（3）了解水热法制备纳米氧化锌的原理。

13.4.2 实验原料及仪器

所需原料及仪器包括不锈钢片（实验衬底）、氯化锌、浓氨水、丙酮、无水乙醇、去离子水、高压釜及烘箱。

13.4.3 实验过程

（1）清洗实验衬底：将不锈钢片依次用去离子水、丙酮和无水乙醇清洗干净，然后自然晾干，备用。去离子水洗去附着在不锈钢表面的颗粒等脏物，丙酮洗去附着在不锈钢表面的有机物，乙醇洗去残留的丙酮。
（2）氯化锌溶液的配制：用容量瓶配制不同浓度的氯化锌水溶液若干，并保存备用。
（3）纳米氧化锌的制备。

13.4.4 实验内容

以组为单位交叉设计，分别选取不同的浓度、反应时间、反应温度来研究纳米氧化锌的形貌。

1. 氯化锌溶液的浓度对纳米氧化锌形貌的影响

取不同浓度的氯化锌溶液各 100mL 放入三个烧杯中，用浓氨水调节各溶液的 pH 值到 10。注意观察浓氨水滴加过程中溶液的变化。然后将溶液分别移至三个高压釜中，将干净的不锈钢片分别放入三份溶液中(图13.8),然后密封放入95℃烘箱中反应(时间自定),取出高压釜,取出不锈钢片并用去离子水充分清洗,自然晾干后观察形貌和微观结构。实验数据记入表13.1。

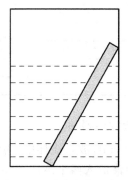

图13.8　反应容器示意图

表 13.1　实验记录表-1

样品编号	ZnCl$_2$溶液浓度/(mol·L^{-1})	pH 值	反应温度/℃	反应时间/h
1	浓度 1	10	95	
2	浓度 2	10	95	
3	浓度 3	10	95	

2. 反应时间对纳米氧化锌形貌的影响

取某一浓度的氯化锌溶液100mL放入烧杯中,用浓氨水调节各溶液的pH值到10。然后将溶液分成两等份放入两个高压釜中,将干净的不锈钢片分别放入两份溶液中,然后密封放入95℃烘箱中分别反应,后取出高压釜,取出不锈钢片并用去离子水充分清洗,自然晾干后观察形貌。实验数据记入表13.2。

表 13.2　实验记录表-2

样品编号	ZnCl$_2$溶液浓度/(mol·L^{-1})	pH 值	反应温度/℃	反应时间/h
1		10	95	
2		10	95	
3		10	95	

3. 反应温度对纳米氧化锌形貌的影响

取某一浓度的氯化锌溶液200mL放入烧杯中,用浓氨水调节各溶液的pH值到10。然后将溶液分成五等份放入五个高压釜中,将干净的不锈钢片分别放入五份溶液中,然后密封放入95℃烘箱中,经过不同时间保温后取出样品1和2。然后关闭烘箱电源,让其自然冷却到室温,在关闭电源后的不同时间内后取出样品3、4和5。实验数据记入表13.3。

表 13.3　实验记录表-3

样品编号	ZnCl₂溶液浓度/(mol·L⁻¹)	pH 值	反应温度/℃	反应时间/h
1		10	95	
2		10	95	
3		10	≤95	
4		10	≤95 和室温	
5		10	≤95 和室温	

4. 溶液的 pH 对纳米氧化锌形貌的影响

取某一浓度的氯化锌溶液各 100mL 放入烧杯中,用浓氨水调节各溶液的 pH 值。注意观察氯化锌溶液的状态。然后将溶液放入两个高压釜中,将干净的不锈钢片分别放入两份溶液中,然后密封放入 95℃烘箱中,经过 1h 取出高压釜,取出不锈钢片并用去离子水充分清洗,自然晾干后观察形貌。实验数据记入表 13.4。

表 13.4　实验记录表-4

样品编号	ZnCl₂溶液浓度/(mol·L⁻¹)	pH 值	反应温度/℃	反应时间/h
1			95	1
2			95	1
3			95	1

5. 产物形貌的观察

将不同实验条件下的氧化锌样品于光学显微镜及扫描电镜下观察,分析反应条件对产物的微观结构和形貌的影响。

6. 光催化性能检测

将沉积有纳米 ZnO 的不锈钢片放入到盛有 50mL 的 120mg/L 的次甲基蓝的烧杯中,放在光源为 11W 的紫外灯($\lambda=25317nm$)下降解,灯离液面约 13cm。每隔 0.5h 取出一定量的溶液稀释 10 倍,用分光光度计在次甲基蓝最大吸收波长(665nm)处测定溶液的吸光度 A,其降解率 X 为

$$X = \frac{A_0 - A_x}{A_0} \tag{13.5}$$

式中,A_0 为紫外光照分解前的次甲基蓝吸光度;A_x 为紫外光照分解后的次甲基蓝吸光度。

13.4.5　实验注意事项

(1) 高压釜内的溶液不要超过高压釜总容积的 85%。在将高压釜放入烘箱前一定要密封好。

(2) 在高压釜放入烘箱后,高压釜不得叠放或者有其他任何物品放在高压釜上。在加热反应的过程中,注意不得随意碰撞或取出高压釜。待反应时间结束后,用隔热手套取出反

应釜,放在平稳的实验台上。

13.4.6　思考题

(1) 在研究温度对纳米氧化锌形貌影响过程中,在95℃条件下反应一段时间后取出样品和自然冷却到取出样品,观察纳米氧化锌的形貌主要有哪些不同。请解释为什么会有如此大的不同。

(2) 请根据实验观察的结果分析各实验条件对纳米氧化锌形貌有什么影响。

13.4.7　实验报告要求

查阅近年文献,自主设计不同的反应条件,制备氧化锌纳米晶,并分析不同反应条件对其形貌的影响。

参考文献

[1] 杨凤霞,刘其丽,毕磊. 纳米氧化锌的应用综述[J]. 安徽化工,2006,139(1): 13-17.

[2] 张斌,周少敏,刘兵,等. 氧化锌纳米线阵列的制备及发光性研究[J]. 中国科学(E辑:技术科学),2009(2): 256-260.

[3] WANG Z L, SONG J H. Piezoelectric nanogenerators based on zinc oxide nanowire arrays[J]. Science, 2006, 312(5771): 242-246.

[4] LAW M, GREECE L, JOHNSON J C, et al. Nanowire dye-sensitized solar cells[J]. Nature Materials, 2005, 4, 455-459.

[5] LEE C, HANG Y, SU W, et al. Electroluminescence from ZnO nanoparticles/organic nanocomposites [J]. Appl. Phys. Lett. 2006, 89(23):231116.

[6] BAO J, ZIMMER M A, CAPASSO F, et al. Broadband ZnO single-nanowire light-emitting diode [J]. Nano Lett. 2006, 6: 1719-1722.

[7] WEI A, SUN X W, XU C X, et al. Growth mechanism of tubular ZnO formed in aqueous solution [J]. Nanotechnology, 2006,17(6): 1740-1744.

[8] WANG Z, QIAN X, YIN J, et al. Large-Scale Fabrication of Tower-like, Flower-like, and Tube-like ZnO Arrays by a Simple Chemical Solution Route [J]. Langmuir, 2004, 20(8): 3441-3448.

第 14 章

微晶玻璃的制备与性能测试

14.1　引言

微晶玻璃又称玻璃陶瓷,是将特定组成成分的基础玻璃,在加热过程中通过控制晶化而制得的一类含有大量微晶相及玻璃相的多晶固体材料。

微晶玻璃既不同于玻璃,也不同于陶瓷。微晶玻璃与玻璃的不同之处在于:微晶玻璃为微晶体和残余玻璃相组成的复相材料;而玻璃则是非晶态或无定形的物质。微晶玻璃与陶瓷的不同之处在于:玻璃晶化过程中的晶相是从单一的均匀玻璃相或已产生相分离的区域,通过成核和晶体生长而产生的致密材料;而陶瓷材料中的晶相,除了通过固相反应出现的重结晶或新晶相以外,大部分是在制备陶瓷时通过组分直接引入。微晶玻璃既具有玻璃的基本性能,又具有陶瓷的多晶特征,其集中了玻璃和陶瓷的特征,成为一类独特的新型材料。

14.1.1　微晶玻璃的性能及应用

微晶玻璃的性能主要决定于微晶相的种类、晶粒尺寸和数量、残余玻璃相的性质和数量。可以通过调整基础玻璃成分和热处理工艺制度,得到符合设计需要的微晶玻璃。热处理制度决定了微晶体的尺寸和数量,在个别系统中还会导致主晶相发生变化,从而使材料的性能发生显著的变化。形核剂的使用对玻璃的晶化也起关键作用。

微晶玻璃具有很多优异性能:膨胀系数可在很大范围内调整(可以制成零膨胀甚至是负膨胀的微晶玻璃);机械强度高;耐磨性能好;良好的化学稳定性和热稳定性;优良的电绝缘性能,介电损耗小,介电常数稳定;与相同力学性能的金属材料相比,其密度小但质地致密,不透水、不透气等。而且微晶玻璃还可以通过组成的设计来获取特殊的光学、电学和生物等功能,作为功能材料、结构材料或其他特殊材料而获得广泛的应用。表 14.1 为微晶玻璃的主要性能及应用举例。图 14.1 示出了微晶玻璃的一些实用例子。

表 14.1 微晶玻璃的主要性能及应用实例

主要使用性能	应用实例
高强度、高硬度、耐磨等	建筑装饰材料、轴承、研磨设备等
高膨胀系数、低介电损耗等	集成电路基板
高绝缘性、化学稳定性等	封接材料、绝缘材料
高化学稳定性、良好生物活性等	生物材料,如人工牙齿、人工骨等
低膨胀、耐高温、耐热冲击	炊具、餐具、天文反射望远镜等
易机械加工	高精密的部件等
耐腐蚀	化工管道等
强介电性、透明	光变色元件、指示元件等
透明、耐高温、耐热冲击	高温观察窗、防火玻璃、太阳能电池基板等
感光显影	印刷线路底板等
低介电性损失	雷达罩等

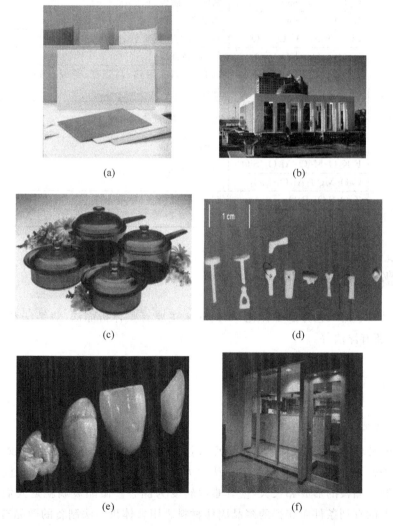

(a)   (b)

(c)   (d)

(e)   (f)

图 14.1 微晶玻璃的应用

(a) 建筑用微晶玻璃样品;(b) 外部装饰效果;(c) 用作炊具的微晶玻璃;(d) 具有生物活性的微晶玻璃人工骨;
(e) 可用于口腔牙齿修复的微晶玻璃;(f) 透明防火微晶玻璃

14.1.2　微晶玻璃的分类

微晶玻璃种类较多,分类方法也各不相同。通常按微晶化机理分为光敏微晶玻璃和热敏微晶玻璃;按基础玻璃组成分为硅酸盐系统、铝硅酸盐系统、硼硅酸盐系统、硼酸盐和磷酸盐系统;按性能又可分为耐高温、耐腐蚀、耐热冲击、高强度、低膨胀、低介电损耗、易机械加工、生物微晶玻璃等。表 14.2 列出了常用微晶玻璃组成及主要特性。

表 14.2　常用微晶玻璃组成及主要特性

基础玻璃	主要组成	主要特性
硅酸盐玻璃	Na_2O-CaO-MgO-SiO_2	易熔融
	F-K_2O-MgF_2-MgO-SiO_2	易机械加工
铝硅酸盐玻璃	Li_2O-Al_2O_3-SiO_2	透明、耐腐蚀、低膨胀
	Na_2O-Al_2O_3-SiO_2	高膨胀
	Li_2O-MgO-Al_2O_3-SiO_2	易熔、透明、低膨胀、高强度
	Li_2O-ZnO-Al_2O_3-SiO_2	易熔、高强度
	MgO-Al_2O_3-SiO_2	低介电损耗、耐热、高强度、绝缘性好、耐热、低膨胀、高强度
	ZnO-Al_2O_3-SiO_2	透明、耐热、低膨胀
	ZnO-MgO-Al_2O_3-SiO_2	
	CaO-Al_2O_3-SiO_2	耐腐蚀、耐磨
	F-K_2O-MgO-Al_2O_3-SiO_2	易机械加工
	CaO-MgO-Al_2O_3-SiO_2	
硼酸盐玻璃	ZnO-SiO_2-B_2O_3	耐腐蚀、低膨胀、封接性好
硼硅酸盐玻璃	B_2O_3-BaO-Fe_2O_3	强磁性

14.2　微晶玻璃的制备方法

制备微晶玻璃的工艺方法多样化,归纳起来主要有整体析晶法、烧结法和溶胶-凝胶法三大类,此外还有浮法等。

14.2.1　整体析晶法

1. 基本原理

玻璃是一种非晶态固体,从热力学观点看,它是一种亚稳态,较之晶态有较高的内能,在一定热处理条件下,可以转变为结晶态。从动力学观点看,玻璃熔体在冷却过程中,黏度的快速增加抑制了晶核的形成和长大,使其难以转变为晶态。微晶玻璃就是人们充分利用玻璃在热力学上的有利条件而获得的多晶固体材料。用整体析晶法制备的微晶玻璃具有较高的机械强度、良好的耐化学腐蚀性、独特的光学性能以及其他优良性质,常用作建筑装饰材料和耐磨、耐腐蚀材料。

　　整体析晶法是制备微晶玻璃的主要方法。其工艺过程为：在原料中加入一定量的形核剂并混合均匀，在1400～1600℃高温下熔制，澄清、均化后将玻璃熔体成形，经退火后在一定温度下进行核化和晶化，得到晶粒细小且结构均匀的微晶玻璃制品。

　　整体析晶法最大的特点是可沿用任何一种玻璃的成形方法，如压延、压制、吹制、浇注等；适合自动化操作和制备形状复杂、尺寸精确的制品。常用的成形法是压制法和压延法，压制成形工艺流程见图14.2，压延法成形示意图见图14.3。

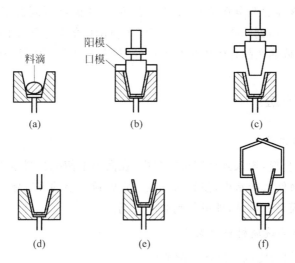

图14.2　压制成形工艺流程

（a）料滴进模；（b）施压；（c）阳模、口模抬起；（d）冷却；（e）顶起；（f）取出

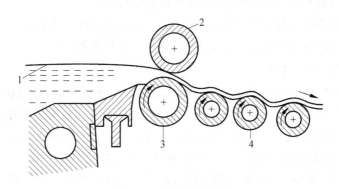

图14.3　压延成形示意

1—玻璃液；2—上辊；3—下辊；4—辊道

2. 制备方法

（1）根据需要，设计微晶玻璃的成分配比。

（2）称量、配制配合料：按设计成分配比称取原料，将称量后的原料倒入研钵中，用研磨棒进行研磨搅拌，搅拌10min左右至所称量的配合量均匀为止。

（3）熔化：首先将所用的陶瓷坩埚放入1400～1500℃的高温炉中预热5～10min，然后从高温炉中取出，再将混合均匀的配合料倒入预热好的陶瓷坩埚中，最后将坩埚和配合料一同放入高温炉中保温2h。然后将高温炉的炉温降低50～100℃，澄清玻璃液，消除玻璃水中的气泡。

（4）浇注：在浇注玻璃块之前，先在 600℃预热钢制的模具，然后将澄清好的玻璃液从高温炉中取出，倒入预热过的钢制模具中，待玻璃液硬化之后，将钢制模具移开。

（5）退火：将成形的玻璃块移入低温炉中，在 600℃下保温 2h，消除玻璃在成形过程中产生的各种应力。然后随炉冷却，得到原始玻璃块。

（6）晶化：将得到的原始玻璃块，采取"两步法"进行热处理，首先确定玻璃的形核温度，本实验玻璃的形核温度选定在 700～800℃之间，在该温度区间范围内的某个温度保温 2～4h，然后再将炉温升高到 850～950℃，在该温度范围内的某个温度保温 2～4h，得到微晶玻璃。将得到的微晶玻璃在晶化炉中进行退火处理，在 600℃保温 2h，然后随炉冷却。

14.2.2　烧结法

1. 烧结法的基本工艺

将一定组分的配合料，投入到玻璃熔窑当中，在高温下使配合料熔化、澄清、均化、冷却。然后，将合格的玻璃液倒入冷水中，使其水淬成一定颗粒大小的玻璃颗粒，将玻璃颗粒烘干、分级，装入耐火材料模具中烧结，即可得到微晶玻璃。

2. 烧结法制备微晶玻璃材料的优点

（1）晶相和玻璃相的比例可以任意调节；

（2）基础玻璃的熔融温度比整体析晶法低，熔融时间短，能耗较低；

（3）晶粒尺寸易控制，可以较好地控制玻璃的结构和性能；

（4）由于玻璃颗粒或粉末具有较高的比表面积，即使基础玻璃的整体析晶能力很差，利用玻璃的表面析晶现象，同样可以制得晶相比例较高的微晶玻璃。

3. 玻璃颗粒的烧结过程

在室温到 800℃的范围内玻璃颗粒之间并无明显的烧结迹象，玻璃颗粒仍然处于松散的状态；当玻璃颗粒在 850℃保温 1h 以后，玻璃颗粒已经开始有明显的烧结迹象，原来尖锐的颗粒开始变得圆滑，玻璃颗粒间的孔隙明显减小；950℃保温 1h 以后，玻璃颗粒之间的烧结更加充分，制品的烧结收缩加大。此时在玻璃颗粒之间已经生长出了微小的晶体；当玻璃颗粒在 1120℃保温 1h 以后，玻璃颗粒的致密化已经达到了最高的状态，玻璃颗粒开始整体析晶。图 14.4 为玻璃颗粒的烧结过程示意图。

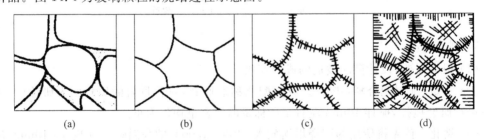

图 14.4　玻璃颗粒的烧结过程

(a) 室温～800℃范围内；(b) 850℃保温 1h；(c) 950℃保温 1h；(d) 1120℃保温 1h

14.2.3　溶胶-凝胶法

溶胶-凝胶技术是低温合成材料的一种新工艺,是将金属有机或无机化合物作为先驱体,经过水解形成凝胶,再在较低温度下烧结,得到微晶玻璃。利用溶胶-凝胶技术还可以制备高温难熔的玻璃体系或高温存在分相区的玻璃体系。该技术的优点在于制备温度低,避免了玻璃配料中某些组分在高温时挥发,能够制备出成分严格符合设计要求的微晶玻璃。

14.2.4　浮法

浮法生产微晶玻璃平板基本与浮法玻璃普通玻璃的生产在工艺上区别不大,在锡槽中进行成形。这种工艺从理论和实践上是完全可以生产平板玻璃,但是要将这种工艺用于生产实际仍有很多问题需要进一步解决。

14.3　微晶玻璃的性能

材料的外在性能取决于它的内在结构,微晶玻璃也不例外。微晶玻璃的结构取决于晶相和玻璃相的组成、晶体种类、晶粒大小、晶相多少以及残留玻璃相的种类和数量。微晶玻璃结构的一个显著特征是拥有极细的晶粒尺寸和致密的结构。其中晶相和残留玻璃相的比例可以有很大不同,当晶相的体积分数较小时,微晶玻璃为含孤立晶体的连续玻璃基体结构,此时玻璃相的性质将强烈地影响微晶玻璃的性质;当晶相的体积分数与玻璃相大致相等时,就会形成网络状结构;当晶相的体积分数较大时,玻璃相在相邻晶体间形成薄膜层,这时微晶玻璃的性质主要取决于主晶相的物理化学性质。

微晶玻璃的性能既取决于晶相和玻璃相的化学组成、形貌以及其相界面的性质,又取决于它们的晶化工艺。因为晶体的种类由原始玻璃组成决定,而晶化工艺也在很大程度上影响着析出晶体的数量和晶粒尺寸的大小。

(1) 主晶相的种类:不同主晶相的微晶玻璃,其性能差别很大。如主晶相为堇青石($2MgO \cdot 2Al_2O_3 \cdot 5SiO_2$)的微晶玻璃具有优良的介电性、热稳定性和抗热震性以及高强度和绝缘性;主晶相为 β-石英固溶体的微晶玻璃具有热膨胀系数低和透明及半透明性能。通过选取不同的原始玻璃组成及热处理制度,可以得到不同的主晶相,得到不同性能的微晶玻璃。

(2) 晶粒尺寸的大小:微晶玻璃的光学性质、力学性质,随晶粒尺寸大小的影响而发生变化。如 $Li_2O-Al_2O_3-SiO_2$ 系统微晶玻璃的膨胀性能和透明度与晶粒尺寸有密切的关系。

(3) 晶相、玻璃相的数量:微晶玻璃中晶相的含量发生变化时,会影响到玻璃的各种性质,如力学、热学和电学等性质。如微晶玻璃的热膨胀系数会随着微晶玻璃的晶相含量的增加而降低。

14.3.1 密度

微晶玻璃的密度主要取决于构成晶相和玻璃相的原子的质量,也与原子堆积紧密程度以及配位数有关,是表征微晶玻璃结构的一个标志。微晶玻璃密度是其中晶相和玻璃相密度共同作用的结果。但是,大多数微晶玻璃的密度依然是由主晶相的密度所决定的,所以,不同类型的微晶玻璃的密度也不相同。表 14.3 列出了几种常用微晶玻璃的密度。

表 14.3　常用微晶玻璃的密度

微 晶 玻 璃	密度范围/(g · cm^{-3})
$Li_2O\text{-}Al_2O_3\text{-}SiO_2$ 系统	2.42～2.57
$MgO\text{-}Al_2O_3\text{-}SiO_2$ 系统	2.49～2.68
$CaO\text{-}Al_2O_3\text{-}SiO_2$ 系统	2.48～2.80
$ZnO\text{-}Al_2O_3\text{-}SiO_2$ 系统	2.99～3.13

陶瓷的吸水率和气孔率的测定都是基于密度的测定,而密度的测定是基于阿基米德原理。陶瓷材料与玻璃不同,它是由包括气孔在内的多相系统组成,所以陶瓷材料的密度可分为体积密度、真密度和假密度,通常以体积密度(显密度)表示。体积密度指不含游离水材料的质量与材料总体积(包括材料实际体积和全部开口、闭口气孔所占的体积)之比。真密度指不含游离水材料的质量与材料实际体积(不包括内部开口与闭口气孔的体积)之比。假密度指不含游离水材料的质量与材料开口体积(包括材料实际体积与闭口气孔的体积)之比。

微晶玻璃的密度和孔隙率测试方法如下:

(1) 选择没有裂纹和破损的试样,试样表面光洁没有嵌入磨料。

(2) 将各烧成温度下烧结的样品在 105～110℃烘箱内烘干后恒重,取出后放入干燥器内待用。

(3) 在精密电子天平上称取干燥后的试样,即试样空气中质量 m_1(干重)。

(4) 排除试样气孔中空气的办法有抽气法和煮沸法两种。抽气法是将试样放入容器并安置于抽真空装置中,抽真空至剩余压力小于 20mmHg(1mmHg≈133.32Pa)并保持 5min;随后缓慢注入供试样吸收的液体,直至试样完全淹没,再保持 5min 后取出。煮沸法则是将与水不起作用的试样放入烧杯中加水至试样完全浸没,加热至沸腾后保持微沸状态 1h,然后冷却至室温。将上述试样轻轻放入电子天平的吊篮中,同时浸没在液体中称试样的浮量 m_2。

(5) 从浸液中取出试样用湿毛巾小心擦去表面多余的液滴,注意不能把气孔中的液体吸出,立即称出在空气中的饱和质量 m_3。

则微晶玻璃的体积密度为

$$d = \frac{材料干重}{(材料＋开口＋闭口)体积} = \frac{m_1}{m_3 - m_2} \tag{14.1}$$

显气孔率为

$$P = \frac{开口气孔体积}{(材料＋开口＋闭口)体积} = \frac{m_3 - m_1}{m_3 - m_2} \times 100\% \tag{14.2}$$

吸水率为

$$A = \frac{开口气孔吸水质量(开口体积)}{材料干重} = \frac{m_3 - m_1}{m_1} \times 100\% \qquad (14.3)$$

14.3.2 强度

在确定材料是否适合于某一特定用途时,机械强度是其重要性能之一。材料的强度一般用抗压强度、抗折强度、抗弯强度和抗冲击强度等指标表示。微晶玻璃的强度通常用抗弯强度表示。在室温下,微晶玻璃和普通陶瓷及玻璃一样,都是脆性材料,这意味着它们不具有可延性和可塑性,在荷载造成破坏之前,呈现完全弹性的状态。和其他的脆性材料一样,它们具有较高的弹性,并以劈裂的形式断裂。表 14.4 列出了几种常见微晶玻璃的抗弯强度。

表 14.4 几种常见微晶玻璃的主晶相和抗弯强度

微晶玻璃系统	主晶相	抗弯强度/MPa
Li_2O-Al_2O_3-SiO_2	β-石英	60～110
MgO-Al_2O_3-SiO_2	堇青石	150～300
CaO-Al_2O_3-SiO_2	硅灰石,钙长石	100～300
ZnO-MgO-Al_2O_3-SiO_2	尖晶石	69～103

14.3.3 硬度

微晶玻璃的常用的硬度测试方法有两种:刻划法和压入法。其中,刻划法是指一种材料对另一种材料的刻划能力。压入法是指锥体或球体在规定的条件下压入材料的压痕深度。不同的测试条件也会得到不同的硬度值。刻痕硬度是通过莫氏硬度计来测定的。由刻痕法测定的矿物硬度分为 10 级(莫氏硬度),其硬度递增的顺序为:滑石 1;石膏 2;方解石 3;萤石 4;磷灰石 5;正长石 6;石英 7;黄玉 8;刚玉 9;金刚石 10。通过刻划法测定玻璃的莫氏硬度,其值通常为 5～7,微晶玻璃的莫氏硬度值为 7～9。压痕硬度的测试方法较多,如努氏硬度和显微维氏硬度。测试微晶玻璃硬度时,试样表面应注意清洁、平整、无裂纹、无伤痕等缺陷。

表 14.5 列出几种微晶玻璃和其他材料的努氏硬度。

表 14.5 微晶玻璃和其他材料的努氏硬度

材料	测试载荷/g	努氏硬度/MPa
微晶玻璃 9606	100	6847
可机械加工微晶玻璃 9658	100	2460
石英玻璃	100	5219
高 Al_2O_3 含量的陶瓷	100	18442

14.3.4　热膨胀系数和抗热冲击性能

微晶玻璃以能制得很大范围的热膨胀系数而著称。一方面可以制得具有负的热膨胀系数材料,而另一方面又可以制得很高的正热膨胀系数的材料。在这两者之间还有一些热膨胀系数几乎等于零的微晶玻璃材料。更有实际意义的是微晶玻璃的热膨胀系数可以调整到和普通玻璃或普通陶瓷或某种金属或合金的热膨胀系数相近。

对材料随着温度的变化而产生尺寸变化的研究是非常重要的。如果要求一种微晶玻璃具有高的抗热冲击能力,则要求其热膨胀系数必须尽可能的低。如果把微晶玻璃焊接到或者刚性连接到另一种材料上,如和金属相连接时,则需要它们的热膨胀系数近似匹配。在大型的光学镜头应用中,随着温度的变化,微晶玻璃尺寸的稳定性是非常重要的,此时需要制备一种热膨胀系数接近于零的微晶玻璃材料。表 14.6 列出了几种常见微晶玻璃材料中晶相的热膨胀系数。

表 14.6　常见微晶玻璃中晶相的热膨胀系数　　　　　　　$10^{-7}℃^{-1}$

晶体类型	热膨胀系数 α
β-锂霞石 $Li_2O\text{-}Al_2O_3\text{-}2SiO_2$	$-64(20\sim1000℃)$
β-锂辉石 $Li_2O\text{-}Al_2O_3\text{-}4SiO_2$	$9(20\sim1000℃)$
堇青石 $2MgO\text{-}2Al_2O_3\text{-}5SiO_2$	$6(100\sim200℃)$
钙长石 $CaO\text{-}Al_2O_3\text{-}2SiO_2$	$45(100\sim200℃)$
硅灰石 $CaO\text{-}SiO_2$	$94(100\sim200℃)$
石英 SiO_2	$237(20\sim600℃)$

抗热冲击性能是指一种材料能耐温度急变而不破坏的能力。通常根据材料急速冷却而不破裂的最大温度间隔加以说明。决定微晶玻璃抗热冲击的重要因素有弹性模量、热膨胀系数及机械强度。高强度、低热膨胀系数以及较低的弹性模量使得微晶玻璃具有较高的抗热冲击性,最大可达到 1100℃。表 14.7 为微晶玻璃与普通钠钙硅玻璃的抗热冲击性能的比较。

表 14.7　微晶玻璃与普通钠钙硅玻璃的抗热冲击性能

材料	造成破坏的温度间隔/℃	抗弯强度/MPa	热膨胀系数 $\alpha/(10^{-7}℃^{-1})$
微晶玻璃	160	40	127.5
钠钙硅玻璃	140	16	92.0

14.3.5　电阻率

微晶玻璃的电阻系数很高,是良好的电绝缘材料。玻璃和陶瓷的电导率依赖于自身所含的几种不同类型的可迁移的离子,其中主要是碱金属离子,随着碱金属离子含量的增加其电导率也增加。对于微晶玻璃来说,碱金属离子也是其电阻率的主要影响因素。离子的迁移能力决定于离子所在的结构。表 14.8 列出了不同温度下 $Li_2O\text{-}Al_2O_3\text{-}SiO_2$ 和可加工微晶玻璃在不同温度下的电阻率的对数,随着温度的增加,电阻率降低,而电导率则正好相反。

表 14.8　$Li_2O\text{-}Al_2O_3\text{-}SiO_2$ 微晶玻璃和可加工微晶玻璃在不同温度下的电阻率的对数

材　　料	$lg\rho$				
	20℃	200℃	400℃	500℃	600℃
$Li_2O\text{-}Al_2O_3\text{-}SiO_2$ 微晶玻璃	11.5	5.8	3.0	4.15	—
可加工微晶玻璃	12.0	—	—	5.0	—

14.3.6　介电常数和介电损耗

介电常数是指在介电材料中和在真空中建起的两个电场的电能比率。许多微晶玻璃在室温下的介电常数处于 5～6 之间，且这些数值不太受测试时频率的影响。在低频下，介电常数随温度(< 150℃)的升高而缓慢加大；在高频下，温度升高到 400～500℃，介电常数几乎没有受到影响。

如果在电介质中建立一个电场，则在此材料中就储存了电能，当去掉电场后，电能完全恢复。但是，通常只有部分能量可以恢复，失掉的那部分电能就表现为热。所以在一个交流电场中，绝缘材料就出现了电能损耗。电能的不能恢复部分和可恢复部分的比率，用介质损耗角正切 $tan\delta$ 来表示。介质损耗是和材料的电容率或介电常数 ε 相关的，并且介电损耗因数是介电常数和介电损耗角正切的乘积，即 $\varepsilon \cdot tan\delta$。

1. 测量原理

介电损耗及介电常数的测量主要是用电桥或谐振电路的原理来进行。可采用 QBG—1B 型品质因数测量仪进行测量，主要由信号源、Q 表测试回路(包括 Q 电压表和 Q 倍率表)、电源部分(包括稳幅电路)组成，如图 14.5 所示。

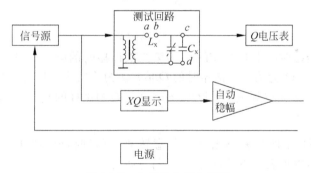

图 14.5　Q 表的电路方框图

QBG—1B 型 Q 表是基于串联谐振原理工作的。L、R、C 组成了串联谐振电路，调谐于输入的电动势 e 的频率时，在电抗元件(L、C)的两端出现了提高了的电压 E，其值为电源电压 e 的 Q 倍，即 $Q=E/e=X/R$ 或 $E=Q_e$，当电源电压 e 为定值时，E 的指示值可直接用 Q 值来刻度，线路原理如图 14.6 所示。仪器利用谐振原理，利用串联法、并联法(直接测量法)测量电感线圈的 Q 值。电感量、电容量、电容的有效电容、分布电容，

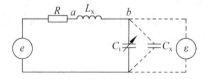

图 14.6　Q 表的线路原理

R—耦合电阻，即串联等效电阻；L_x、C_x—辅助线圈或被测元件；C_i—测试回路的调谐电容

介损和介电常数等。

试样表面应平滑、无裂纹、无气泡和机械杂质等缺陷；用蘸有丙酮绸布擦洗干净；在一般情况下，应在温度为(20 ± 2)℃和相对湿度为$65\%\pm5\%$的条件下处理 16h。

2. 测量步骤

(1) 仪器在(50 ± 2)Hz、220V 电源下工作，接通电源后，预热 15～20min。

(2) 调零：选择适当的辅助线圈插进电感接线柱(或用导线连接)进行调零，将面板上的"XQ"调节旋钮调至最左边的位置，将频率读数旋钮调到最小位置，频率波段开关拨至最右边(无频率输出)，电容刻度盘调至零位，"Q 量程"旋钮拨至 50 档，调节 Q 零点粗调旋钮，使仪表指针处在零位。

(3) ΔQ 的调零：上述过程调好 Q 值的零位后，"Q 量程"应拨至 500 档，测试时选 $f=$1MC，范围内的标准电感线圈，调"XQ"调节旋钮使表头指示为 1，测试频率选 1MC，调节 LC 刻度盘，使之谐振，若要用 ΔQ 来直读可在第一次调谐后，只动"ΔQ 零点粗调"旋转并将"Q 量程"开关注到"ΔQ"档，调节"ΔQ 零点细调"使指针在中间的零位上，调好后再将开关拨至 500 档位上。

(4) 调完零点后，不接试样，转动 LC 刻度盘，直至仪表的指针偏转为最大为止，这是第一次谐振，记录下此时的 Q 值为 Q_1，电容值为 C_1。然后接上试样，再次调节 LC 刻度盘，也使指针偏转最大为止，记录下此时的 Q 值为 Q_2，电容值为 C_2。这是第二次调谐。如果要直读 ΔQ，即 $\Delta Q=Q_1-Q_2$，只要将"Q 量程"开关拨至 ΔQ 档即可直读 ΔQ。

(5) 测得 Q_1、Q_2(或 ΔQ)，C_1、C_2 后，取下试样，用游标卡尺量取试样的厚度、直径。

介质损耗

$$\tan\delta = \frac{C_1}{C_1 - C_2} \cdot \frac{\Delta Q}{Q_1 - Q_2} \tag{14.4}$$

介电常数

$$\varepsilon = 14.4cd/\phi^2 \tag{14.5}$$

式中，C_1 为第一次谐振时的电容值，Pf；C_2 为第二次谐振时的电容值，Pf；$\Delta C=C_1-C_2$ 即被测试样的电容值，Pf；Q_1 为第一次谐振时的 Q 值；Q_2 为第二次谐振时的 Q 值；$\Delta Q=Q_1-Q_2$ 为二次谐振的差值；d 为被测试样的厚度，cm；ϕ 为被测试样的直径，cm。

3. 测量注意事项

(1) 调谐后，面板上的开关、旋钮不得任意转动，测 C 时，要将"Q 量程"拨到 500 档，然后再根据需要降低，以免表头指针偏转太大，打弯指针。

(2) 拿试样时，要拿涂银层处，否则由于湿度、杂质会影响测试结果，要保持试样的干净和干燥。

(3) 测量时，试片不得碰到仪器机壳上，读 Q 值时，一定要是调谐指针偏转最大处的值，否则并非谐振点。

14.3.7　化学性质

微晶玻璃的化学稳定性和耐久性受结晶相组成的影响，也受到残余玻璃相的组分和数量以及两相形貌的影响。碱金属离子在晶相中比在残余玻璃相中稳定。因此，当微晶玻璃材料与水接触时，碱金属离子在水的作用下很快从玻璃相中迁移出来。为了使微晶玻璃材料具有良好的化学稳定性,就必须使残余玻璃相中不含有大量的碱金属氧化物。总的来说,大部分的微晶玻璃材料表现出足够高的化学稳定性。

14.3.8　光学性质

微晶玻璃材料具有不透明、半透明、透明或透过红外辐射的特性。光线通过透明微晶玻璃时,主要受其晶体尺寸的影响。如果晶体尺寸小于可见光波长,微晶玻璃材料就是透明的。其他影响光线通过的因素是光学非均匀性,以及在玻璃相和晶相之间不同的折射率。即使晶体尺寸大于光的波长,假若折射率很小甚至接近于零,且在单晶体相中的双折射率也很小时,材料也可以透明。

14.4　CaO-Al₂O₃-SiO₂ 微晶玻璃微观组织观察

微晶玻璃的显微结构主要是由形成微晶玻璃的晶体和残余玻璃相组成,一般来讲,微晶玻璃中的残余玻璃相的耐酸性较差,所以在腐蚀的过程中,玻璃相容易与酸性腐蚀剂反应,而晶体则得以较大多数的保留。利用这样的原理,可以观察到微晶玻璃的显微结构。微晶玻璃中常用的腐蚀剂是一定浓度的 HF 酸,不同系统微晶玻璃的所用的 HF 酸腐蚀剂的浓度各不相同,但常用体积浓度一般为 $2\%\sim5\%$。

图 14.7 为 CaO-Al₂O₃-SiO₂ 系统三元相图。图 14.8 为 CaO-Al₂O₃-SiO₂ 微晶玻璃微观组织的形貌,其中灰白色部分硅灰石晶相,灰黑色部分在未腐蚀前是玻璃相存在的位置,经 HF 酸腐蚀,玻璃相消失之后留下可见的沟槽。

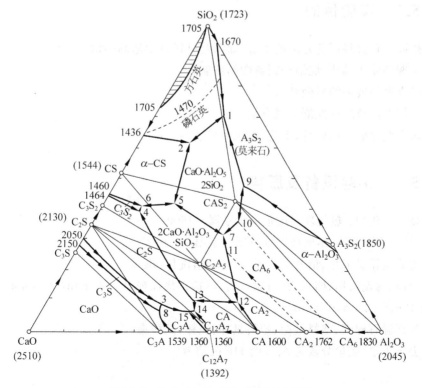

图 14.7　CaO-Al₂O₃-SiO₂ 系统三元相图

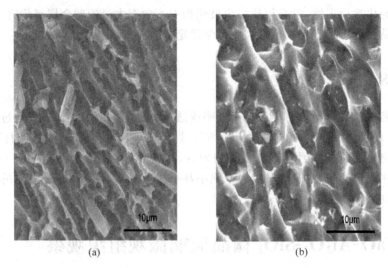

图 14.8 CaO-Al$_2$O$_3$-SiO$_2$ 微晶玻璃微观组织形貌

(a) 900℃/2h；(b) 1000℃/2h

制备光学观察试样时,应经过由粗到细一系列砂纸的磨光后,并进行抛光,得到光亮的抛光表面后,再经腐蚀后观察。

14.5 实验部分

14.5.1 实验目的

(1) 拓展对新材料制备方法的了解,加深对材料科学基础知识的认识。

(2) 掌握整体析晶法、烧结法制备微晶玻璃。

(3) 研究微晶玻璃的显微结构。

(4) 掌握微晶玻璃的性能测试方法。

(5) 研究微晶玻璃的成分、工艺、组织和性能的关系。

14.5.2 实验设备及原料

(1) 高温熔化炉: 热处理温度范围为室温～1600℃。

(2) 中温热处理炉: 热处理温度范围为室温～1200℃。

(3) 实验室托盘天平、精密电子天平、超声清洗仪、烘箱。

(4) 研钵、陶瓷坩埚、棚板、长坩埚夹钳、不锈钢浇注模具:200mm×200mm×10mm 钢板 1 块及 10mm×20mm×5mm 钢条 4 根。

(5) 耐高温石棉纸、塑料量筒、塑料量杯、烧杯、试样夹。

(6) 去离子水、质量分数为 40% 的 HF 酸溶液。

14.5.3　实验内容

（1）设计微晶玻璃成分，用整体析晶法和烧结法制备不同用途的微晶玻璃。

（2）测量微晶玻璃介电常数和介质损耗角正切的测定。

（3）制备光学显微镜和 SEM 电镜下的观察样品，分析微晶玻璃的微观形貌。

① 试样制备：经过由粗到细一系列砂纸的光磨，直到用肉眼观察不到试样表面有明显的划痕为止，然后再进行抛光，得到光亮的抛光表面。

② 腐蚀剂配制：首先用塑料量筒取 40% 体积浓度的 HF 溶液和一定量的去离子水，然后在塑料器皿中配制的腐蚀剂，分别配制 2%，3%，4% 和 5% 不同体积浓度的 HF 酸水溶液。

③ 腐蚀试样：按照下表将微晶玻璃试样放入不同体积浓度的 HF 酸水溶液中，腐蚀时间分别为 10s，15s，20s 和 25s，将腐蚀结果记录在表 14.9 中。

表 14.9　腐蚀记录结果

腐蚀时间/s	HF 酸水溶液（体积浓度）			
	2%	3%	4%	5%
10				
15				
20				
25				

④ 清洗烘干：腐蚀完的微晶玻璃试样，用去离子水在超声波振荡器中清洗，清洗 20～30s 之后，用烘干机烘干试样表面残留的去离子水。

⑤ 光学显微镜观察：在显微镜下观察试样的组织是否已经能够辨别清晰，如果不合适，再经过抛光表面，进行不同浓度和时间配合的腐蚀，直到在显微镜下能观察到清晰的组织为止。

⑥ 扫描电镜（SEM）观察：将腐蚀完好的微晶玻璃试样，经过喷金（或碳）处理，在 SEM 下观察显微组织。

（4）测试所制备的微晶玻璃的密度等参数。用精密电子天平测量干燥后试样干重 m，浸水中试样浮重 m_2，吸水后试样饱和重 m_3，计算不同烧成温度下试样吸水率、显气孔率和体积密度（表 14.10）。

表 14.10　吸水率、显气孔率和体积密度记录表

试样编号	试样外观	干燥后试样干重 m_1/g	浸水中试样浮重 m_2/g	吸水后试样饱和重 m_3/g	吸水率 A/%	显气孔率 P/%	体积密度 d/(g/cm³)

注意事项

（1）在实验过程中，应佩戴口罩，防火手套和护目镜。

（2）在陶瓷坩埚中加入配合料之前，应先在高温炉中预热坩埚，防止在加料的过程中发生炸裂。

（3）在往陶瓷坩埚中加入配合料时，每次加料量的体积应低于坩埚容积的 1/2。

（4）玻璃液向钢制模具中浇注时，应控制浇注速度，尽量放慢玻璃液的浇注速度。

（5）用天平称量时，注意在托盘中放置相同的过滤纸，防止化学原料腐蚀托盘。

（6）配制腐蚀剂时，避免 HF 酸接触玻璃类器皿，打开 HF 酸试剂瓶取完 HF 酸之后，应迅速将 HF 酸试剂瓶封好，避免 HF 酸大量挥发。

（7）在腐蚀过程中，尽量避免皮肤接触腐蚀剂，防止 HF 酸伤害皮肤。

14.5.4　思考题

（1）简述配合料熔化过程，玻璃液浇注，玻璃块热处理过程中的实验现象。

（2）为什么在熔化配合料之前要预热坩埚？

（3）为什么将配合料加入预热的陶瓷坩埚中时，配合料的体积不能超过坩埚容积的 1/2？

（4）分析配合料中随着 Na_2O，Al_2O_3 含量的变化，玻璃的熔化温度、形核温度及晶化温度的变化情况。

（5）CaO-Al_2O_3-SiO_2 系统微晶玻璃中有哪几种晶相？其结构、形貌特征和性能特点如何？

（6）影响微晶玻璃中晶体形貌的因素有哪些？

（7）如何控制微晶玻璃中晶粒的尺寸大小？

14.5.5　实验报告要求

查阅近年文献，自主设计微晶玻璃成分，用烧结法或整体析晶法制备出装饰用微晶玻璃，测试性能，并观察形貌。

参考文献

[1]　程金树,李宏,汤李缨,等. 微晶玻璃[M]. 北京：北京化学工业出版社,2006.

[2]　吕长征,彭康,杨华明. 尾矿制备微晶玻璃的研究进展[J].硅酸盐通报. 2014,33(9)：2236-2242.

[3]　WU J,LI Z,HUANG Y,et al. Crystallization behavior and properties of K_2O-CaO-Al_2O_3-SiO_2 glass-ceramics[J]. Ceramics International，2013，39(7)：7743-7750.

[4]　曹建尉,马要辉,徐博,等. Na_2O-CaO-SiO_2-MgO-Al_2O_3-ZnO 微晶玻璃制备及晶化行为的研究[J].硅酸盐通报,2009,28(增刊)：14-18.

[5]　邱建荣,徐诚,刘小峰. 悬浮法制备新型功能玻璃[J].硅酸盐学报. 2018,46(1)：1-10.